DRAWING FOR URBAN DESIGN

著作权合同登记图字：01-2010-5589号

图书在版编目（CIP）数据

图解城市设计/（英）法雷利著；娄梅等译. —北京：中国建筑工业出版社，2013.7
建筑与城市规划专业技能训练译丛
ISBN 978-7-112-15521-7

Ⅰ.①图…　Ⅱ.①法…②娄…　Ⅲ.①城市规划–建筑设计–图解　Ⅳ.①TU984-64

中国版本图书馆CIP数据核字（2013）第129564号

Text © 2011 Lorraine Farrelly

Translation © 2012 China Architecture and Building Press

This book was designed, produced and published in 2011 by Laurence
King Publishing Ltd., London

本书由英国Laurence King出版社授权翻译出版

责任编辑：孙立波　程素荣
责任设计：董建平
责任校对：肖　剑　关　健

建筑与城市规划专业技能训练译丛

图解城市设计

[英]洛兰·法雷利　著

娄　梅　徐梓曜　译
申祖烈　谢　天　校
*
中国建筑工业出版社出版、发行（北京西郊百万庄）
各地新华书店、建筑书店经销
北京嘉泰利德公司制版
北京顺诚彩色印刷有限公司印刷
*
开本：880×1230毫米　1/16　印张：11¾　字数：330千字
2013年8月第一版　2013年8月第一次印刷
定价：**78.00**元
ISBN 978-7-112-15521-7
　（24092）

版权所有　翻印必究
如有印装质量问题，可寄本社退换
（邮政编码100037）

建筑与城市规划专业技能训练译丛

图解城市设计

[英] 洛兰·法雷利　著

娄 梅　徐梓曜　译

申祖烈　谢 天　校

中国建筑工业出版社

目录

导言

什么是绘图？

绘图是一种涉及想象力的绘画形式，它将人们的注意力从可见的画面吸引到不可见的空间当中，从真实的画面转向虚构的场景当中。建筑师和城市设计师往往将绘图作为城市结构研究过程中的一个重要组成部分，它随着建筑学的演变发展成为一种建筑学的思考方式。人们可以通过绘图的实际操作方式创造这些画面，只需要在一张纸上绘制一个平面，并赋予它理念、比例、长度和分量感。也可以采用计算机程序的界面方式表现一系列的画面。关键技巧在于如何选择、处理、展示这些画面。绘制一套徒手的或者是CAD的绘画需要大量的专业技巧，也需要构思、斟酌与想象力。

建筑表现就是确立一种方法，以传达建筑和城市可能产生的印象，它从假设的视角——如同电影布景一样展现一个令人振奋的人们活动的崭新世界，到一整套经过精心设计的细部——展示如何建造或组合城市中的建筑或空间。这些表现方式可以非常怪诞，也可以是计算机模型，模型表达的内容包括超现实的环境或者照片般逼真的场所。

建筑绘图主要是联想的艺术，它并不探讨各种比例或理念方面的问题，而是提供足够的信息让人们初步了解方案的可行性。绘制城市的主题需要使用多种不同的比例。有时，针对地图的某一部分绘制的草图可能暗示了场地同城市或景观有着广泛的文脉关系。对另一种方案来说，可能出现的情况是：立面所使用的材料需要体现一栋建筑与其背景或环境的关联方式。因此，一个临街立面或许需要阐述立面设计方案在比例、体量以及材质方面如何与周围环境相联系。

重要的是要掌握建筑绘图的主旨。可以采用多种比例和介质，开始进行绘图前，应该先花时间了解和确定表现的展示方式，绘图的服务对象，以及绘图要传达的内容。

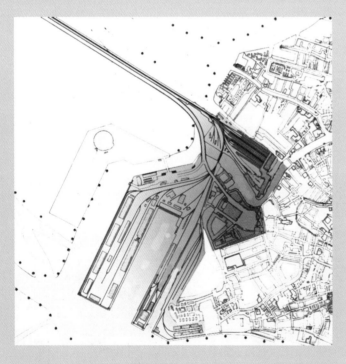

上图
这张CAD图是学生设计方案的局部图纸（朴茨茅斯建筑学院欧洲城市工作室提供），它标明了威尼斯的一个城市场地，这张图突出显示了火车站的场地位置。

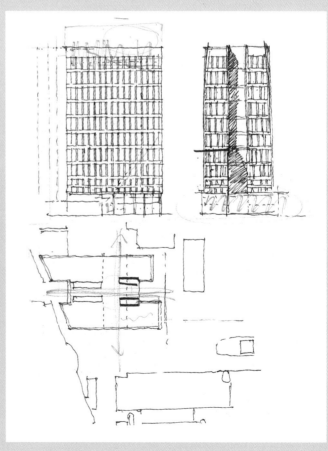

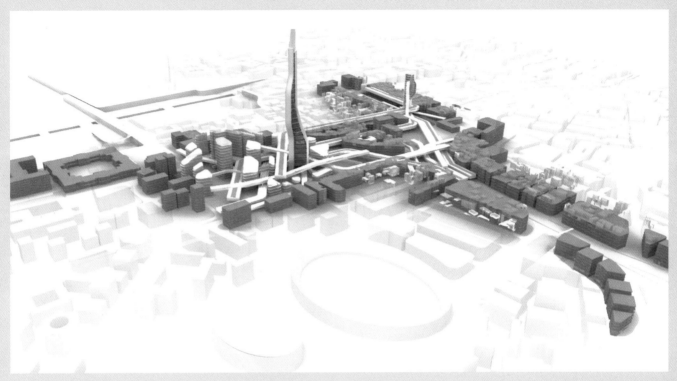

对面图

这是埃里克·帕里（Eric Parry）绘制的位于伦敦奥尔德曼布里（Aldermanbury）广场一个投标方案的草图，一张平面图和两张立面图简要地解释了这个特定建筑与其周边街道环境之间的关系。

上图及顶图

建筑视觉影像可用来传达一个开发项目或整个城市可能产生的更加全面的总体印象。

绘制城市

城市设计师、规划师、建筑师、政治家和地理学家们用他们自己的表达语言来描绘城市。绘制城市需要大量不同的技巧，才能创造出恰当的场所、环境和体验。

建筑是城市的一部分，因此，必须了解平面、剖面、立面和测量图的建筑体系，以描述各种构件。城市也是由空间、场所以及街道组成的，这些地方是人们互动的场所和生存的舞台。因此需要一系列的绘图和更深入的主观表达，以表达城市提供的各种可能性。绘画、绘图或照片都可以用来创作出抽象的表达，或者可以用一套地图描述建筑物同空间的关系，实物模型或者计算机模型，都可以增添更多的信息和细节。

有时绘图需要超常精确，但却不可能通过建造的方式实现，绘图有其自身的价值，取决于比例和图像的表达方式。

绘图必须包括各种可能性，从抽象理念或概念到建造施工细节，它需要同空想家、浪漫派、制造商、建筑工人以及石匠交流，它的语言必须多样化。

建筑师或总规划师也应该是交际大师，这一观点很重要。绘图是一种画面（frame），它应该让孩子想象出玩耍的地方，让泥瓦工了解如何建造，让工程师建立结构概念。而对建筑师来说，如果要全面地了解一栋建筑，之后重新调整视角，他们必须首先构思，创造三维图像并进行研究，然后让他人去开发其可能性：通过绘图过程"成果"就产生了。我们的绘图语言需要准确、简洁、透明和生动。城市通过速写和 CAD 图像，以准确的图纸阐述形式被表现出来，也可以通过模型（实物和电脑生成的方式）表现出来，它们允许其他表现城市的方式，并且有助于我们了解物质环境和城市的相互关系。

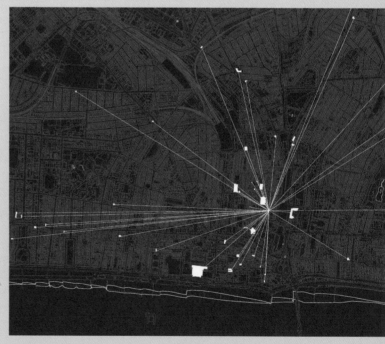

上图
这个场地平面图中的阴影区域表明设计方案在鹿特丹的位置。地图有助于方案结合当地桥梁和水域特点一起加以研究。

右上图
这是一张用数字地图生成的图像，解释了混合功能城市设计方案的概念，它将布莱顿市的不同区域连接起来。白色概念线条相交于方案场地的位置。

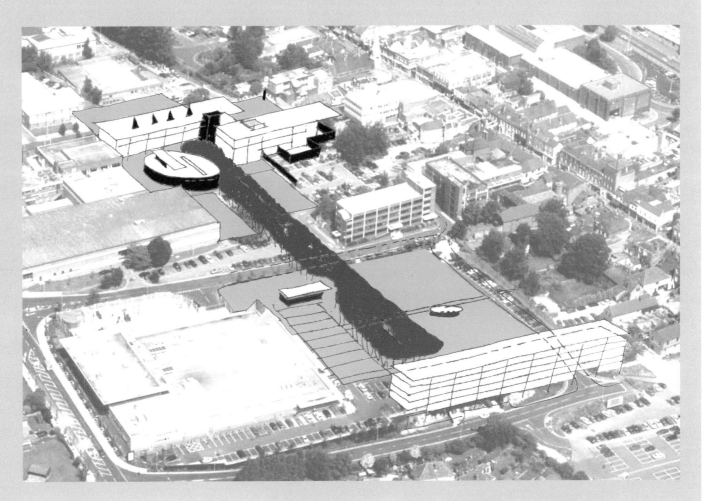

上图

这是一张牛津布鲁克斯大学（Oxford Brookes University）的大学校园概念设计图片，由 Design Engine 建筑事务所使用航拍照片制作的，新的构思体现在场地草图中，以暗示校园是如何被改建的。

左图

这是由朴次茅斯建筑学院欧洲城市工作室提供的一张威尼斯（Venice）的总体规划方案，它标出了一条贯穿全程并终止于公共广场的可行路线，这个广场也是计划改造项目的一部分（位于右上角）。

关于本书

本书按章节编排，展示了绘制城市的各种方法，既具有专业性，又指导学生学会如何思考并分析城市环境。

第一章的标题为城市历史，讲述了表现技术发展的重要影响。有许多具有历史意义的特殊因素影响了我们城市绘图的表达和风格，既有纪实性的表现方法，记载了实际存在的城市；也有幻想的表现方法，预示未来的城市。

第二章是作为客体的城市，阐述了这样的理念：作为某种客观存在的城市可作为观察绘图的研究题材。这一点具有主观性，它取决于我们绘制和表现真实存在的方式。城市经由艺术家和旅行者描述，有时目的只是记录那里有什么，并将它理解为一个客观的场所。城市会影响我们的体验、记忆和社会交流。这一点都可以通过绘图来表现，也可以通过实物模型以三维的方式向我们展示城市的存在。

作为数据的城市一章主要描述一个可以度量的并且可以科学定义的环境所代表的城市。其中一些度量方法将城市作为一系列的路径或空间进行分析。利用实物模型和 CAD 模型来描述城市，或者利用地图记录各种层次的信息，所有数据促成了我们将城市理解为一种可测量的环境。这里介绍的一系列工具告诉我们测量城市的方法。描述城市数据既需要定量又需要定性的测量和解释，而且这样的数据既需要科学的、又需要艺术的解释。

构想的城市一章则涉及描述未来环境与城市的各种技术，它们被设想为演变中的场所或者是全新的从无到有的环境和城市，并被表现为绘画、绘图以及 CAD 模型。这些城市是对未来的憧憬和幻想，其中一些变成了现实，或者推动了已经实施的总体规划的发展。

最后一章提供了一系列来自世界各地的建筑师和城市设计师的总体规划项目的案例研究，这些建筑师和设计师均采用了当代最先进的技术和表现方法，以展现令人兴奋的崭新场所和城市空间。

本书附有一些颇具启发意义的城市表现图——从重要的历史资料到复杂的电脑模拟效果图，还有一些关于如何创造某种特定类型的城市绘图的实例，以及如何使用一定的视觉技术的技巧。成功地表现城市设计的关键是利用各种技术。城市是复杂的，在设计的概念、深入和展示阶段需要精心的构思才能决定何时采用何种表达方式。

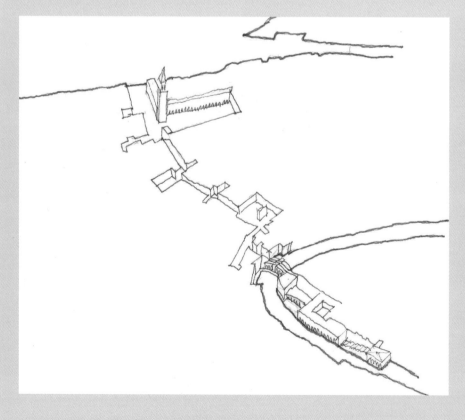

左图
这是一张根据威尼斯航拍照片绘制的铅笔画，突出了从圣马克（St Mark）广场横穿城市到里亚托市场（Rialto Market）的旅程。

上图
城市可以用一系列速写来描述，以显示随着观察者的位置变化而改变的建筑与空间的比例。这一系列描绘一条城市道路的速写是一个学生的方案。

下图
实物模型是研究和描述城市环境方案的一种极有价值的媒介。

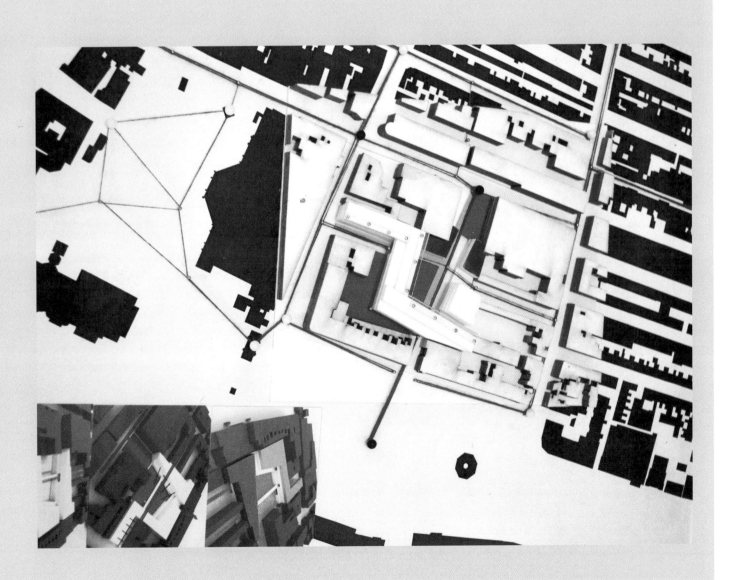

城市历史

简介

城市是一种叙事,这种叙事实际是一种语言:城市向市民叙述,我们向我们的城市叙述,我们只是身处其中,居住其中,漫步其中,并观察这座城市。

——罗兰·巴特(Roland Barthes)"符号学和城市"《重新思考建筑:文化理论读本》尼尔·林奇(Neil Leach)(主编),1997,PP.306-307

城市从一开始就呈现为一种视觉表现,这些表现方式随着外部世界的改变而改写。我们把居住、工作和生活的场所称之为城市,这一观念的形成是文化和社会发展的重要方面。

这些描述常见于我们的文学和诗歌中,也见于绘画和艺术中。用于表达城市的技巧始于简单的雕刻和绘图,它们都基于从建筑和制造发展而来的工艺和技能。其后发展到包括摄影和模型制作。到了 21 世纪,电脑软件的应用,引发出能够进行三维探索的想象世界。因此,表达方式的范围已经适应于用新的方式来设计城市环境,表现技术正在挑战着我们建造建筑知识的确实可能性。

在文艺复兴前,建筑绘图的方式并不是我们今天所理解的那样。例如,哥特式建筑就是一个优先考虑施工而不是表现形式的过程。随着手艺高超的砖瓦工从一个地方迁移到另外一个地方,所见所闻加深了他们对几何学的理解,并且检验了他们的工程技术、告诉了他们材料的装配。相比之下,今天的视觉化理念已经发展到一个新阶段,我们可以在开始建造真实的环境之前,先在电脑上建造我们模拟的城市环境。

本章将介绍一些重要的表现方式的参考资料和理念,给我们提供从画家和雕刻家到规划师和幻想家的总体规划和城市设计的实践。他们的方法和技巧被描述为重要的先例,并为当代的表现手法提供了背景材料。每一个参考样例都探讨了一座城市或场所的设计或理念的绘制技巧的重要性。

右图
这是 1528 年一本记录有关岛屿的书中出现的威尼斯和环礁湖(Venice and the lagoon)的透视平面图。该地图反映了 16 世纪意大利常用的建筑绘图方式,其中包括新的透视和勘测技术。

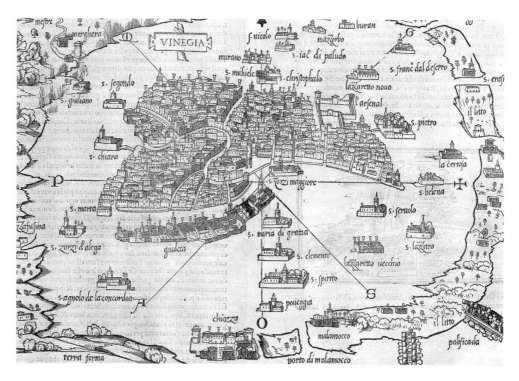

早期的城市视图

　　中世纪时期最早的城市视图，以抽象的绘图形式，采用环绕城市旅行和景观相结合而制成，它们根据重要性夸大了某些特征。绘制的地图并不按比例，而是讲述城市或城镇区域内有重大特色和建筑物的故事。故事以城镇或乡村的重要景点为中心，暗示了一系列的经历。这样的地图是一些有关城镇的最简单但却最吸引人的表现图。

　　早期的地图作为文本材料供参观者阅读，上面记录了一个城市的范围和边界；它们颂扬地方文化、纪念物、空间和建筑。中世纪早期的地图更类似于图解，依据绘图者的文化知识来描述当地区域的界定。早期英国城市地图中将建筑物位置抽象为具有某种标志的场所，道路则抽象为一条直线，并不存在比例和物理空间的概念。对物理世界的概念理解是一种局部的理解。

　　16 世纪，勘测技术的发展使得测量结果的精准性得到提高。16 世纪 40 年代，比例地图开始发展，同一时期，欧洲艺术家开始广泛使用透视技术，它改变整个空间的表示方法。

　　透视技术中的鸟瞰图意味着可以将城市的景观设计和地形测量表现出来。高精度仪器、勘测设备和技术的出现改变了过去抽象的、想象的表现手法，转变为更精确和更谨慎的表现手法。

　　地图成为用于处理和重新设定物理空间的工具，许多早期的地图使用正交透视图或鸟瞰图作为夸大城市景象某些方面和提供三维视图的一种方法。当特殊的边界和物理关系存在时，地图是重要的文化标志物，并发挥了关键作用。如果我们想了解一个城市的发展历程，可以通过对比历史地图，从而发现物理景观如何变化，以及城市的不同组成部分如何随着时间的变化仍然延续了文化的重要性。

　　地图是记录城镇点滴的重要手段。1748 年，詹巴蒂斯塔 · 诺里（Giambattista, Nolli, 1701–1756）绘制了一张罗马地图，这张地图中用图 – 底的表现方式描绘城市，用阴影表示建筑物，空白部分表示建筑物彼此之间的空间，它将城市解读为一系列空间和形式。诺里清晰地标出所有封闭的公共空间，如教堂内部和石廊柱。图 – 底的方式提供了一份独特的描绘罗马公共场所的地图。

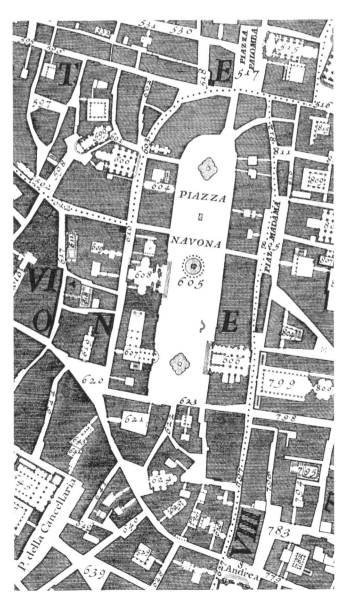

左图
詹巴蒂斯塔 · 诺里绘制的罗马图 – 底研究（1748）。阴影部分显示为建成区，而城市空间如诺瓦纳（Piazza Navona）广场，公共建筑如教堂显示为白色区域。

文艺复兴与透视法

意大利文艺复兴时期，里昂·巴蒂斯塔·阿尔伯蒂（Leon Battista Alberti，1404–1472）曾把绘画作品比喻为世界的一扇窗口，并把绘画当做观察点和图像观察者之间的交叉点。塞巴斯蒂亚诺·塞利奥（Sebastiano Serlio，1475–1554）于1537年所撰写的建筑论文（后来以《建筑五书》之名出版）中承认他的戏剧作品有许多城市背景，他采用新发展起来的透视法来探究高尚、滑稽和情色的思想，这些图像描述了许多街道，他的每一条街景都讲述了在街道里的一种不同的城市特性。滑稽舞台混乱无序，高尚场面显示尊严，色情场所——因为萨梯是半兽半人——是一种混杂的环境，半城市、半乡村：街道与自然合为一体。这些绘画具有革命性，因为它们不仅创造了一个对表面进行深度诠释的新体系，而且提供了源自单一的视点的图像。城市中，无论建筑物的内部还是外部，采用几何学为空间的表现提供构架。由于艺术家的位置决定所画的内容，因此，观察者的主观性仍然存在，但此中更多的是一种透视的真实感和秩序感。

透视法可以认为是一系列互相联系的空间，以增进和传播世界的图像知识。在绘制城市环境时，透视图常用来表现街道、公共空间或广场，而且随着它成为一种更加高级的手段，透视图常用于创作更加复杂的城市综合图，如轴测图或等距图。从上空绘制的鸟瞰图，改变了对城市的认知。

透视法延伸了二维平面的理念，暗示了进深感和三维的空间。大家庭住宅的墙上的绘画通常采用透视法来表现房间的进深感或塑造远处的城市景观。文艺复兴时期的画家和艺术家即兴表达了对当时社会和文化的体验的准确印象，以诠释围绕他们周围的城市的各个方面。透视图提供了观察者即城市活动的参与者的视角，是诠释城市环境的最有价值的方法。

右图
安布罗乔·洛伦泽蒂（Ambrogio Lorenzetti）在意大利锡耶纳（Siena）市政厅内墙壁上创作的壁画《好政府与坏政府》（1338–1340）。这幅壁画以城市为主题背景，文艺复兴时期，透视法的使用改变了二维图像从一个新的角度诠释城市的可能性。

艺术家与他们的城市构想

致力于表现城市的一位重要的艺术家是乔瓦尼·巴蒂斯塔·皮拉内西（Giovanni Battista Piranesi，1720-1778），他生于意大利特雷维索(Treviso)附近,他对建筑学、铜板雕刻和版画雕刻均有研究。根据他在罗马的经历，他在 1743 年创作了一系列关于城市的作品。皮拉内西的许多雕刻作品都是有关城市中的想象环境和空间，即扭曲的形象、暗示囚禁的空间，以及探究光线与形态相互作用并显得像无尽的迷宫似的洞穴的可怕梦境。

一群对未来世界充满奇特想法的幻想家描绘了城市。克洛德·尼古拉·勒杜（Glaude-Nicolas Ledoux，1736-1806）是新古典主义建筑风格的最早的倡导者之一。他怀有建造理想城市——绍城(Chaux)的空想计划，并且创造城市乌托邦的理念，以及一个新的文明社会如何同它相吻合。但是法国大革命的爆发阻碍了他的许多想法的实现，其中包括计划在法国的阿尔克赛南（Arc-et-Senans）实施的新古典主义风格的皇家盐场（Royal Saltworks）。

许多艺术家通过绘画的方式诠释他们对城市的理解。约瑟夫·玛罗德·威廉·特纳（J M W Turner，1775-1851）是一位浪漫主义的英国画家，擅长描绘风景和城

上图
乔瓦尼·巴蒂斯塔·皮拉内西 1761 年在罗马创作的版画《烟火》，此作品是他的系列版画《想象的监狱》(Imaginary Prisons) 之一。皮拉内西的作品包含此种系列的想象环境和著名的有关罗马的景观系列。

左图
法国建筑师克洛德·尼古拉·勒杜 18 世纪 70 年代设计的理想城市——绍城平面图。这个梦幻乌托邦城市以盐场为中心，周围设有学校、超市和公共空间，但是最终未实现。

市。他用水彩画来表现光线、画面和色彩之间的细微变化，他对城市的阐述不仅是现实主义的，而且也呈现出一种视角模糊的抽象感。

乔治·德·契里科（Giorgio de Chirico，1888–1978），希腊裔意大利画家，以超现实的城市印象而著称。他对形而上学饶有兴趣，喜欢夸大城市环境的特点，德·奇里科抓住了城市氛围，突出表现出街道的忧郁和神秘性。他的一些最有名的印象作品，常常使用透视、夸张的手法来暗示比例的改变，客体被并置于情景中，以挑战比例的观念和观察者的理解力。

许多画家直接把城市用作他们绘画的灵感来源，而且许多人还激励了城市设计师和建筑师。尤其是皮埃特·蒙特利安（Piet Mondrian，1872–1944）提出了他对城市理解的艺术处理，通过将复杂性简化为网格和几

何图形，1942年，他把《纽约市》描绘成一系列交织的线条。

保罗·克利（Paul Klee，1879–1940）曾在包豪斯建筑学院任教，他使用色彩非常慎重，并以其对色调结合抽象几何学的深刻理解去诠释景观和城市。他常运用影响城市风貌的多种不同介质和技巧。

与之相反，爱德华·霍珀（Edward Hopper，1882–1967）的画《夜鹰》（1942年）绝非抽象，而是对20世纪40年代美国文化的重要观察。它暗示城市既充满人群同时又是一个孤独之地，他抓住了内涵与外观相交汇的片刻。该画对那些关注城市生活的社会现状的建筑师影响很大，因而也是对城市所产生的文化体验的评论。它对我们处于其中的街道和广场得出的艺术印象，为解析当代城市提供了一系列重要的文化参考资料。

比例

从一张城市的地图和全球定位到建筑和广场的细部，描述城市场所时，对比例的了解和运用是非常重要的。建筑师查尔斯 · 埃姆斯（Charles Eames，1907–1978）和雷 · 埃姆斯（Ray Eames，1916–1988）于 1968 年拍了一部电影《10 的乘方》（powers of 10），这部电影融入了人体和城市背景的理念，并运用比例的概念引导观众去理解他们同城市和远处的关系。电影从公园里一个人的全身像开始，然后镜头拉远，因此人像调小成了十分之一，接着再拉远，于是它就成了原来范围的百分之一，并依次类推。《10 的乘方》引导观众去理解比例如何改变我们对人、物体、场所和城市的看法。

比例和城市的概念在过去 10 年里受到新的数字绘图技术的影响。例如 Google Earth 地图在线服务绘制的地图是来自卫星和航空摄影的叠加图像。Google Earth 可以供用户通过变焦缩放以任意的比例查看地球上任意的地点，这改变了我们过去通过同时解读多个不同比例的地图来认识和了解一个城市的方式。比例会影响我们对场所、建筑物及其环境的理解。

对面图

乔治 · 德 · 奇里科（Ciorgio de Chirico）所绘的意大利广场（Italian Square），是艺术家典型的夸张透视法在城市中的运用。

下图

Google 公司开发的软件 Google Earth 地图，允许用户获得来自卫星图像合并生成的全球视图。利用变焦缩放手段，可以用一系列比例生成一个选定位置的图像，视角选择大到整个地球小到街道和建筑。新工具使得可以看到一些地方街道上的景观。

20 世纪的范例与城市理论的实践

1889 年，由澳大利亚建筑师和艺术家卡米洛·西谛（Camillo Sitte，1843–1903）所著的《根据艺术的原则建设城市》（City Planning According to Artistic Principles）一书中，将城市描述为一系列"房间"，而城市广场则被视为供居住的空间。他致力于通过城市设计来满足市民的体验，倾向于将城市作为一种艺术品，而不是作为一种几何与形式的技术操作。

20 世纪初期，世界各地有许多理论家和艺术家对原有社会习俗、艺术和思想进行了挑战。20 世纪初期，法国建筑师和城市规划师尤金·埃诺（Eugène Hénard）关注城市的运行体系。他提出了交通系统的建议，以及与新建公路网络相联系的公共空间和停车场的理念。其中一个起源于意大利的未来派画家团体常常用立体派风格来描绘他们眼中的未来城市。他们对汽车、飞机这类新技术很感兴趣，他们要向历史风格和观念挑战，认为绘画需要表现动态和动势的概念。

安东尼奥·圣埃利亚（Antonio Sant'Elia，1888–1916）在名为《新城市》（La Città Nuova，1912–1914）的系列绘画中，很好地描述了他的未来主义城市的想法，他提出一个高楼林立、到处是机械化的城市环境的世界。新城市既具有标志性又有高效率。他是用夸张的透视手法来绘制的，以突出建筑的动感尺度和形式。虽然他的想法并未实现，但确成了建筑演变的一种重要参考和推动元素。

右下图
一张公共广场的图 – 底分析，选自卡米洛·西特 1889 年所著的《根据艺术的原则建设城市》一书。

下图
选自尤金·埃诺（Eugène Hénard）的《未来城市》（Villes d'avenir）剖面绘画中展示了巴黎地下与地上建筑的关系。

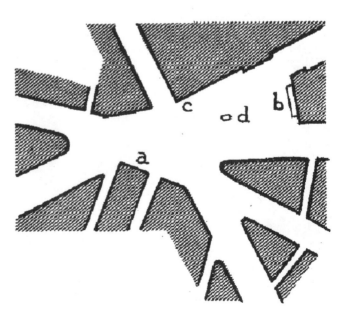

左图

在安东尼奥·圣埃利亚的《新城市》（1912–1914）系列中，采用大胆的色调和动感、夸张的透视画法来强化他对未来的展望。

下图

这幅全景鸟瞰图展现了法国建筑师托尼·加尼埃（Tony Garnier）在《工业城市》（Une Cité industrielle）（1917）中提出的一个构想的工业城市的设计。

SCHNEE
GLETSCHER
GLAS

Die Ausführung ist gewiss ungeheuer schwer und opfervoll aber nicht unmöglich. Man verlangt so selten von den Menschen das Unmögliche. (Goethe)

10

上图
插图 13 摘自布鲁诺·陶特（Bruno Taut）1919 年的《山地建筑学》（Alpine Architekture），陶特有关城市规划的观念可以恰如其分地被描述为空想的、戏剧化的，而非切实可行的城市设计方案。但它形象化地代表了当时的想象力。

下图
这是英国现代派建筑师约瑟夫·伊恩伯顿（Joseph Emberton）在 1946 年的绘图，他提出了在伦敦历史上有名的圣保罗大教堂周围开发多层建筑。

其他的未来主义者如昂伯托·博辛尼（Umberto Boccioni，1882-1916），用透视法作为观察者同新兴的城市领域相联系的一种方式。在他的绘画《城市兴起》（The City Rises）（1910）中，他表现了发展中的现代工业领域同我们对它的反应之间的冲突，显示出技术与人类智慧之间的紧张关系。

勒·柯布西耶（1887-1965）在 20 世纪最有影响力的一些作品中涉及了他对城市的看法。他是瑞士建筑师和城市设计师，他在 1922 年的理想城市是一系列摩天大楼，楼宇间配置公共游憩场所。在他 1925 年提出的规划设想中，勒·柯布西耶建议巴黎的中心区域应该由公园和摩天大楼取代。1935 年，基于在绿地环绕的住宅区中加大城市密度的想法，柯布西耶绘制了《光辉城市》（Ville Radieuse–the Radiant City）。他预测到未来对健康的崇尚，作为对 19 世纪工业城市的拥挤和污染环境的补救措施。

在 20 世纪 30 年代，弗兰克·劳埃德·赖特（1867-1959）提出了在城市外部（即郊区）开发新城市环境的理念。他的"广亩城市"（Broadacre City）提议就是郊区开发，在那里所有居民都得到 1 英亩的土地，用汽车来连接城市的其他地方。他的想法可用平面图和透视图来描述。

形成于 1957 年的情境主义者，是一群质疑资本主义社会的艺术家和思想家，他们提出了解读或描述城市的另类方式。盖伊·德波（Guy Debord，1931-1994）提出了漫游或游荡（derive or drift）的观点，以毫无先入之见的方式研究城市。这种观点就是在城市里随意漫步，以不可预测的方式来观察城市，依据经验和情境将城市作为一系列事件来对待，从而向那种以绘制好的地图来确定旅程和路线的观念提出了挑战。

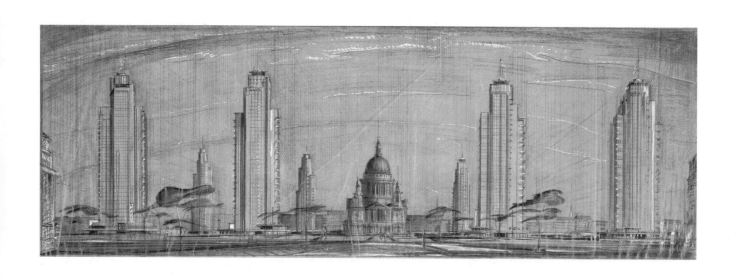

上图

勒·柯布西耶1925年的规划
设想提出了城市街区和周围
景观之间联系的替代方案。

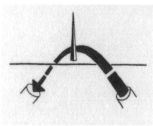

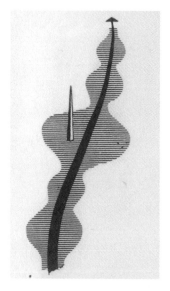

上图
在他《城市意象》的书中，凯文·林奇用图解、地图和抽象的图画来描绘城市，如上例。

下图
在城市中旅行的一系列速写，选自戈登·卡伦的书《简明城镇景观设计》。

凯文·林奇（Kevin Lynch，1918-1984）介绍了从概念上把城市描述为一系列图解的想法，在《城市形态》（A Theory of Good City Form）一书中，他用比喻来表现城市："信念之城"、"城市像机器"和"城市像有机体"，把城市的复杂性简化为图解的做法对传递和澄清其基本意义很有帮助。在他的重要著作《城市意象》（The Images of the City）（1960年）一书中，林奇用"心理地图"（mental maps）来描述路径、边缘、地区、节点和地标，他采用这种城市理念，并把组织其内在信息的方法转化为简单的图解和绘图。

戈登·卡伦（Gordon Cullen，1914-1994）所著《简明城镇景观设计》（The Concise Townscape）一书，提出了许多诠释城市的有效方法，其中一项重要技巧就是连续视图，通过它们，一个城市可以被描述为路线地图结合系列图像的行程，这些序列也就阐明了此种行程。这个行程既属于采用这种方法的任何个人，又是从步行观察者的角度来探究城市的一种简便方法，而此操作是利用城市分区图和速写来描述的。

埃德蒙·培根（Edmund Bacon，1910-2005）是一位美国城市规划师，他的书《城市设计》（Design of Cities）（1967年）是阐述城市形态发展的重要文本。该书提出了理解和分析城市的新方法，其中一些图像包括将城市广场平面化为一系列立面图，而另一些图像则通过城市的广场显示为剖面。图纸用几何学、比例和尺度转化为抽象的概念范畴，以独特的方式来表现城市。

锡德里克·普赖斯（Cedric Price，1934—2003）是20世纪后期的一位幻想建筑师，他满怀构思和理论进行工作，并且影响了许多当代的建筑师。普赖斯一心想提倡改造城市，以挑战传统惯例和提出城市体验的新范式。他并没有建造很多建筑，但想鼓励人们去"思考不可思议的东西"。他的最重要的理念之一就是"娱乐宫"（Fun Palace）：一个游乐实验室，在其中你可以跳舞、音乐表演、戏剧表演和烟火表演。他认为灵活性和短暂性作为在城市里一种非永久性体验是关键，他利用透视图和轴测图来阐明他的观点。

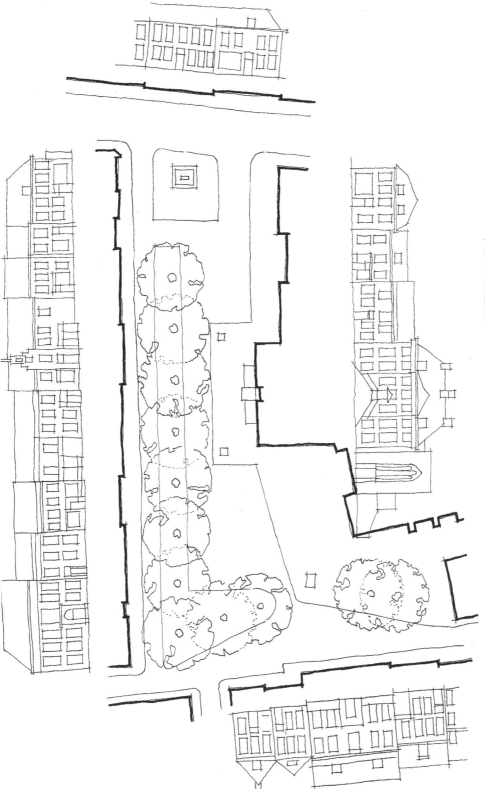

左图
荷兰 Wijk bij Durrstede 广场，
以对照平面图，将立面平面化
的手法绘制。此图系根据埃德
蒙·培根《城市设计》的图
例绘制而成。

20 世纪的城市表现技法

20 世纪的城市设计师和建筑师，运用了多种深受当代艺术家影响的表现技巧。20 世纪 60 年代，建筑电讯派（Archigram）利用图像拼贴和叠加的技法来表现城市的未来，这种城市被描绘为"计算机城市"，一种"活动城市"，一种未来主义的环境。在其中，建筑物能够到处移动。建筑电讯派对太空时代技术和如何利用它以表现新的建筑和城市范式很感兴趣，他们采用机器类比法和鲜艳色彩的可以重复使用的模数单元，以及未来主义和太空时代的图像。

1966 年，一群意大利建筑师组成的"超级工作室"（Superstudio），对传统的城市理念提出了挑战。他们利用拼贴、照片合成和素描技巧来表现新的城市观念，如在巨大的穹顶下的插入式城市，他们也设计家具和参与电影制作。

阿尔多·罗西（Aldo Rossi，1931–1997）在他 1966 年的书《城市建筑》中专论城市，他对利用现存历史形态或典范并重点关注作为人类记忆的宝库的新城市环境很感兴趣。该书最有名的图像之一表明，城市是各种经历和理念的组合体，以利用拼贴和叠加图像的崭新方式来表现它——一种类似层次分明的城市史的分层淀积。

雷姆·库哈斯（Rem Koolhaas，1944–）于 1975 年同德梅隆·弗里森多普、伊莱亚和佐伊·曾赫利斯一起，创办了"OMA 大都市建筑事务所"（Office for Metropolitan Architecture），他还大力著文论述建筑和城市设计，在他的文稿《疯狂的纽约》（Delirious New York）中，他把该城比作一台狂热的机器。"囚禁的全球城市"的概念设计表现为网格上的一系列摩天大楼。这让人回想起早期的现代主义者对未来城市的展望，这种意象暗示对城市的隐喻，一种对未来环境的抽象理念，它既是绘画，又是三维表现图。

SLEEKTOWER. VERANDAH TOWER - Brisbane

左图
彼得·库克，建筑电讯派的创始人，为澳大利亚昆士兰州首府布里斯班设计的斯利克塔楼（左）和维兰达塔楼（右）。

上图

阿尔多·罗西在他的《城市建筑》(1966) 一书中，通过激情有力的图像拼贴，来表现现代城市。

对页图

这幅 1982 年巴黎小镇公园设计竞赛获奖作品的分解轴测表现图，由 B·屈米设计。该图显示了他对城市设计的解构主义的处理手法：利用多层次以分隔和区分公园背后的不同概念。

伯纳德·屈米（Bernard Tschumi, 1944-）在他的《曼哈顿手稿》（Manhattan Transcripts，1981-1982）文本中采用了源自电影制作的叙事和情节串联的技巧和理念，提出研究城市的新思路，并以系列体验和景观框架来表现它。他提出在巴黎一个工业区进行小城镇公园再开发的建议，系采用一套分解三维轴测图形成的。这种直观手法使得一个复杂的形象可以用系列层次来表达，因此其概念就能更容易理解。绘图的底层代表场地的地形图，其上一层代表"表皮"，附以景观规划，提出各种表皮，如草地、水域和小道。在上一层中，地平面上覆盖了很多"点"，并形成一个控制整个规划的网格，而在各个网格点上，参照构成主义画家卡西米尔·马利维奇的做法，屈米配置了一个红色的有趣构筑物。在最后一层里平面标示墙体、划定不同区域的边界、步行道和联通下面两层的桥梁。

斯皮罗·科斯托夫（Spiro Kostof, 1936-1991）在《城市的形成》（The City Shaped，1999）一书中，也用抽象的图解以探索随之发展演变的城市理念，他通过图解、网格和几何图形调研它和诠释在城市中新的组织模式。

最近，戴维·格雷厄姆·沙恩（David Graham Shane）在《重组城市主义》（Recombinant Urbanism，2005 年）中，探讨了描述城市的新方式，他引证了后现代主义的七个特征，包括拼贴、再现、叠加、照片合成、组合和剪贴，所有这些术语，都意指城市的概念和表现它的各种方法。

城市设计和城市思考是现代生活和思维的一部分。表达城市的许多方式和有关城市环境的哲学和观念相联系——两者不可分割。就艺术过程说，拼贴和蒙太奇技巧，对把现代城市理解为一种有层次的、复杂的和有组织的体验很起作用。

21 世纪初，城市的表现方式已经极不相同。但草图或绘画仍然是个人表达记载城市的有效形式。此外，计算机软件的进步使得 CAD 模型日益重要。但实物模型仍然是描述城市最重要的手段之一，因为它真实、三维立体，而且能快速诠释环境。所有这些传递城市信息的方法都大有发展：学习过去那些从事描绘我们城市的先辈的开拓性思想和惊人的技能，乃是我们表达未来的新理念的基础。

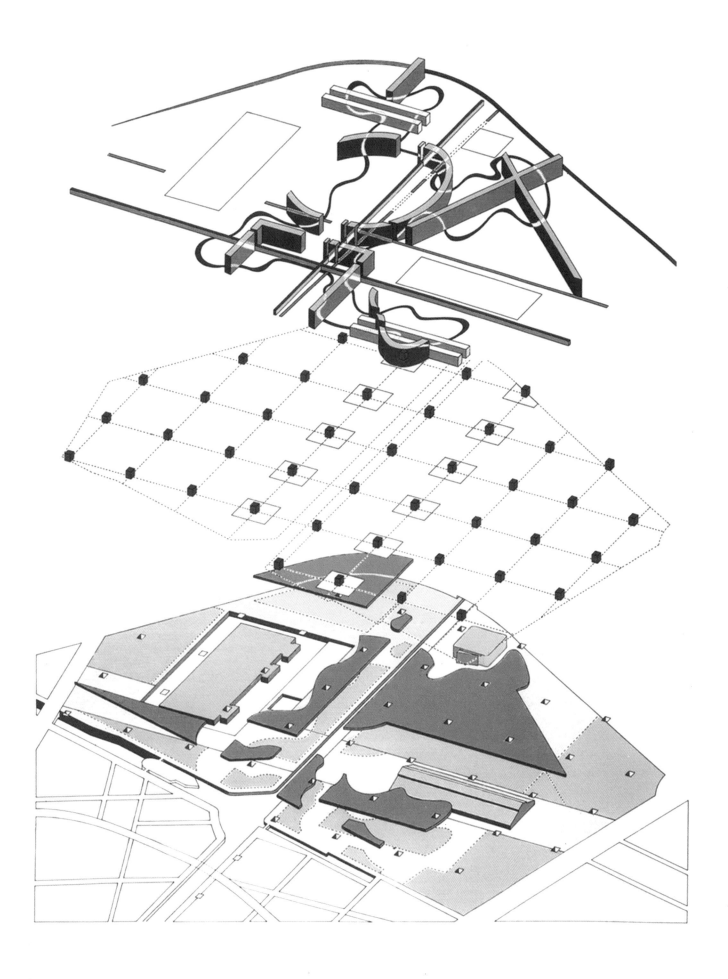

作为客体的城市

简介

建筑绘图的力量在于它是架通想象和现实世界的桥梁。

——罗宾·埃文斯《投影：建筑学及其三种几何图形》(The Projective Cast: Architecture and its Three Geometries, 1997)

我们可以把城市记载为经由我们对它的理解而存在的地方。它可以被表现为观察者所看到、所经历和所解释的某些东西，或者表现为人们常常绘图或作静物画时所要记载的某些东西；甚至允许个人的诠释，因为这种记载能以照相写实或抽象的方式进行。虽然有许多可运用的技法，但徒手画（freehand drawing）和速写（sketching）仍然是重要的表达方式——它们作为个人的诠释，赋予绘图者以一种接触和改变城市环境的意识。

作为客体的城市，也就是这样的理念：如我们所见和所经历的，城市作为我们接触、绘制和表现的某种东西而存在。本章将主要集中探讨徒手画和解读城市，但所有的徒手画法可以结合数字手段，以更具解释力和个性化的方式，来表现城市环境。我们需要理解城市，因为它在城市设计师、建筑师或总体规划师设计或改变它之前就存在着。

历史上，诠释城市一直是事关文化观察评论，描述在城市中的活动和经历。传统上，徒手画和速写常是描绘城市的主要技法。现今，我们可以使用数字技术，如摄影和电影来描绘我们的环境。

城市是我们形成建筑理念的背景。要能有效地设

计和开发城市环境，需要花时间去解读业已存在的东西，去浏览、观察和理解。通过这种解读，正在出现的城市景观将快速合理地演变。通过对城市精心的绘制和解读，我们就能把它理解为一个互动和任何设计反应的场所——不管这些反应是在城市改造或扩建的规划总图上，还是新插入的项目，如一栋建筑或一个城市广场——都会对现有的环境很敏感。

城市景观以各种方式启发艺术家；通过绘图和摄影去记载日常生活活动。图像的范围应该详加考虑，不论它旨在表现街道或广场的规模，还是材料和形式的理念，利用多种技巧，如拼贴或照片合成，它们结合了摄影、制图和绘画技术。艺术家们利用绘制城市环境地图的概念以激发他们的艺术创造力，并结合传统绘画、制图和地图制作等技术来描述"场所"。

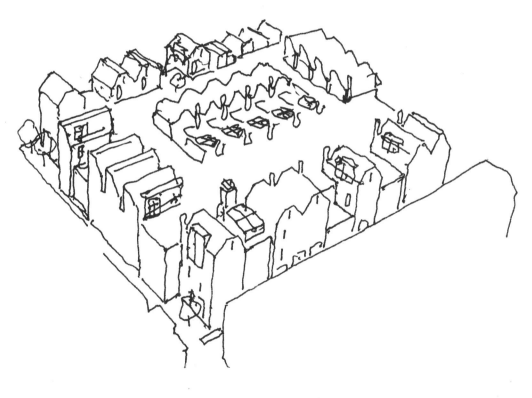

左图
这张由阿莱斯和莫里森绘制的温彻斯特广场速写，表明一张简单的钢笔画如何有力地传递对空间、体量和形态的三维理解。

主体

一份图纸的主体可能是对界定一个城市的环境或活动的描述。城市被描述为各类图纸、地图和规划，描述了从上往下看的景色。此外，有些绘图和用于建筑以表现存在的实体城市的图纸相同。立面图表示确定街道和广场的建筑物的外貌，而剖面图，通过街道、建筑和广场传达分割的概念，以展现整体的城市、相对的高度和体量的相互关系。我们需要考虑比例关系、相邻关系和几何关系，不仅有助于规范和理解城市如何运转，而且也在绘图中起着有益的参考或制约的作用。

把绘图的主体限定于关注某些东西是有用的，例如对比的感觉。一个例子或许是沿街走动时明暗差别，另一个例子也许是室内和室外之间的界限或起点，在这里就可能有要记载的城市中的私密和公共空间的方方面面，或者甚至是粗略地观察建筑物规模的对比：大建筑紧靠小建筑。所有这些观察有利于逐一识别各个城市和确定其各自的特征。当绘制所见到的东西时，重要的是要弄清楚草图的目的，不管是表达体量、建筑物、形式还是规模的关系，此种目的需要验证；也就是阐明对城市的一种理念。和绘制城市里的一道景观一样，绘制建筑物的细部或广场或街道的一部分，也不失为了解一个地方的重要性以熟悉其特征和它的组构成分的一种好方法。也许是：绘图涉及远处的景象，以显示建筑物的相对高度，或者涉及从城市远处所欣赏的景象，旨在探究城市景观，或者从远处辨认有着明显特征和形式的风景。

一个城市可以用特写的速写去描述，以表示其实质和重要性，或者从较远的角度来诠释其空间、布局和形态。

下图
这一组由哈立德 · 塞利赫绘制的速写，形成对克里斯托弗 · 雷恩设计的伦敦教堂尖顶的研究。尖顶成了伦敦天际线独具特色的一部分。

对面页
此图显示一处城区的场景，并且传递了注释性的环境信息，从而给观看者提供了更好地理解其空间的机会。

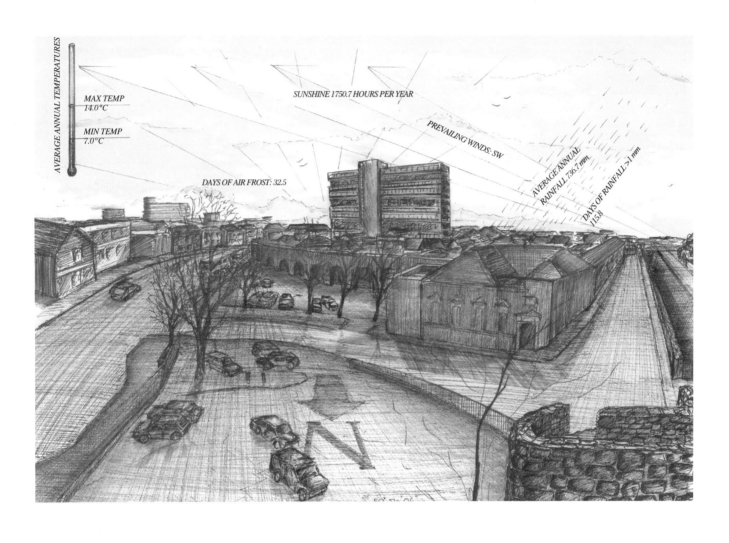

AVERAGE ANNUAL TEMPERATURES

MAX TEMP
14.0°C

MIN TEMP
7.0°C

SUNSHINE 1750.7 HOURS PER YEAR

PREVAILING WINDS: SW

DAYS OF AIR FROST: 32.5

AVERAGE ANNUAL
RAINFALL 736.7 mm

DAYS OF RAINFALL >1 mm
1115.8

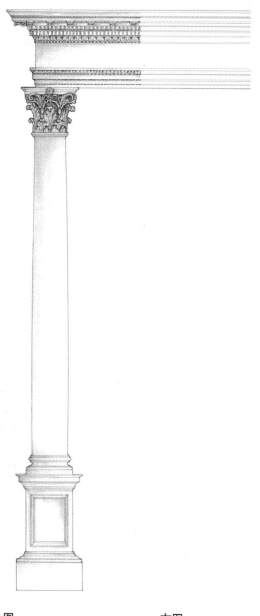

绘图

有许多种绘图形式。在建筑和城市设计上，绘图就是用理念进行沟通；绘图是一项把思维变成一种二维图像的行为，它是经过规划、考虑和调研的。城市是个复杂的地方，绘制城市需要仔细计划，当我们画图时，必须深入思考我们想要传递的内容。画出你见到的东西，能够阐明许多事物，它可以描述一个空间理念、一次经历、一种氛围或材料。绘图始于一张白纸，它可能在速写本上或一块画布上，在你开始作画前，要仔细观察，认真思考。

绘制城市可能是一种简单的操作，以在纸面上画出小方框和速写线条开始，以暗示建筑物和它们之间的关联。它可以是一种非常精确的街景透视图，或者是很多不同尺度和类型的中间图。要绘制城市，你需要时间去探索和实验，然后图纸就变成了一种经历的记录——一条街道或广场的规模的第一印象，明朗的夏日早晨人们在城中活动的情景。没有必要用文字去描述城市经历：快速素描、精心思考就能诠释一个复杂的理念。

上图
这幅科林斯柱式图用钢笔作为主要介质，但获得的深度层次感则借助灵巧的铅笔阴影。

右图
当你追求突出对比差异时，墨水是绘图的极好介质。

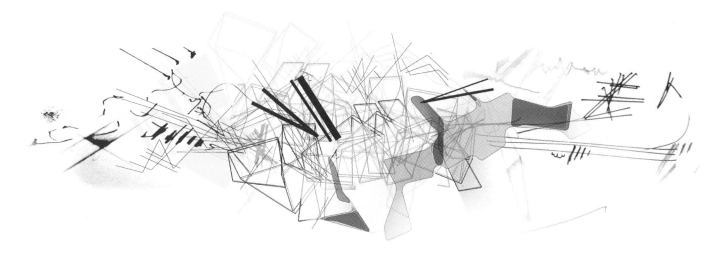

上图
抽象的城市绘图，可以成为一种更有效的表现对城市品质印象的方法。在此样例中，看不到市区场所，但绘图帮助观察者理解在此空间里起作用的动力。

左图
迪安·派克绘制的这幅在罗马的出入口研究草图，在同一张纸将立面（图像的主要部分）、剖面（右侧）和平面图（底部）集中在一起。这种细部观察的类型，有助于传递城市的材料构成信息。

观察速写

绘制城市时，要考虑的最重要的因素之一，就是我们如何诠释我们周围的信息并运用它去记录一个地方及细部特性的总体感。

对我们个人来说，对城市的体验各不相同；即使我们和别人在同一城市中进行同样的行程，我们每个人沿途也会看到不同的事物。这就是戈登·卡伦在《简明城镇景观设计》（见第 24 页）一书中所描述的东西，即探索我们进行穿过城市的旅游方式和我们怎样体验它。这

这一系列速写显示一个主体怎样通过几种不同的方式来表达，从淡淡的水彩到墨水和彩色铅笔。

步骤分解：佛罗伦萨大教堂速写

　　速写是开始理解一个地方最容易的方式，它让观察者把建筑物之间的空间连接起来，以了解空间的尺度和街道、建筑物相对高度以及城市的布局。此套速写是站在佛罗伦萨一处很窄的街边，朝向大教堂的局部绘出的。

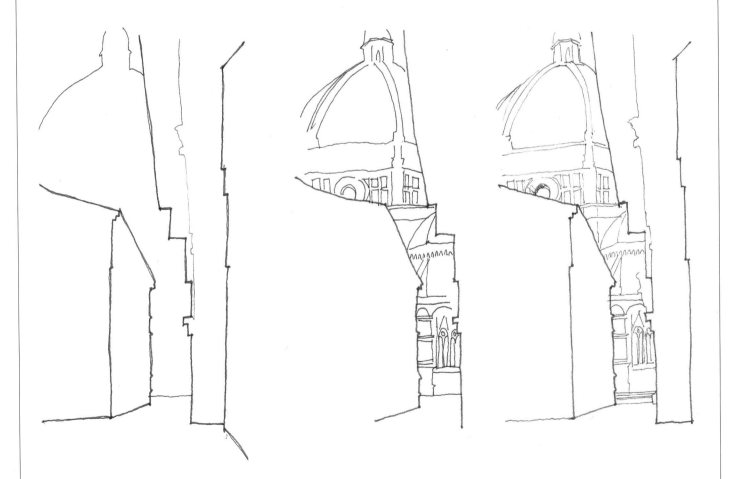

1 初始草图。只显示了街道周围的建筑和大教堂的基本轮廓。

2 勾画出大教堂的主要特征，而周围环境留白。

3 然后绘出邻近建筑物的边界线。

一点可以表现为一系列同旅游有关的景观，并给每一景观配置一幅地区图画。当我们拐弯时，就会碰到新的带有更多信息和细节的景观。序列景观是诠释一个城市甚至一座大建筑物和描述个人对那个地方的理解的一种很简单的方法，这一技巧采用一系列速写和配置速写地图，以描述一次旅程和观察点的位置。

当你第一次在城市里来到一个地点时，观察速写很重要。观察城市可以是涉及感知和记载活动、建筑物形态或者细部、光线、色彩和空间特征。

以透视法绘视图，在高度、体量、规模或形式方面，可以表现场所特征。同样，这类绘图首先要求某种观察，以决定图纸在传递什么信息。也许是，观察性绘图最初用作记载街道上建筑物的体量与相关规模，借助景观的附加信息，上述内容可以更加详细。

当开始为一个地方绘图时，重要的是花时间去了解

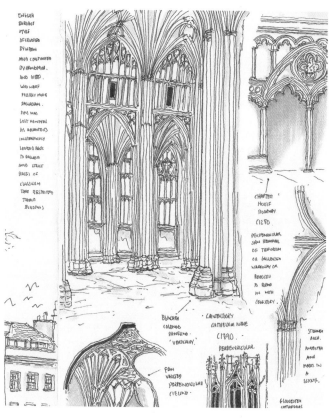

左图
在观察教区总教堂所在城市时所绘的精细钢笔详图。

上图
速写簿的一页。请注意各个细部是如何以不同比例绘成的，这些细部连同简单的注释，可以给读者对主体以更深刻的理解。

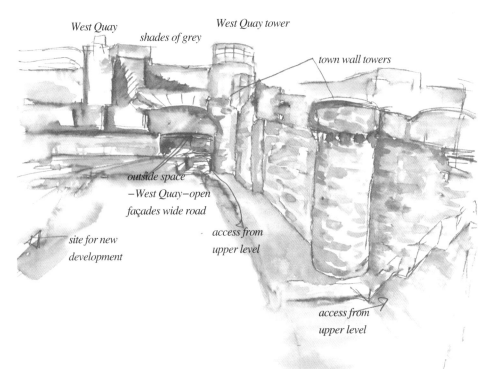

West Quay

shades of grey

West Quay tower

town wall towers

outside space
–West Quay–open
façades wide road

site for new
development

access from
upper level

access from
upper level

左图和下图
两幅素描采用不同方式的水彩
绘制。第一幅临摹主体的色彩，
而第二幅是单色的对光与影的
研究图。给草图加注释，是给
你描绘的空间增添信息和思考
的一种有用的方法。

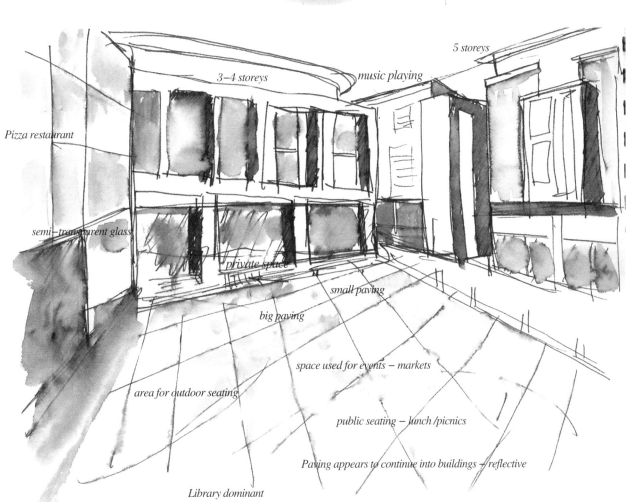

5 storeys

3–4 storeys

music playing

Pizza restaurant

semi-transparent glass

private space

small paving

big paving

space used for events – markets

area for outdoor seating

public seating – lunch /picnics

Paving appears to continue into buildings – reflective

Library dominant

提示：轮廓

给较粗的线条增加力度，可以突出一幅图面，以产生更大的影响力，请注意，较粗的轮廓也可以用于 CAD 绘图以增加重要性。

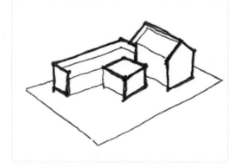

街道、广场或建筑物的特质和掌握场地特色、规模、空间性质、材料和尺度感觉。

考虑好地点后，就着手选择绘图类型和补充草图意图的介质。使用铅笔或钢笔作系列快速空间艺术处理，可以表现动态或光线活动。一幅更深思熟虑和认真的绘图，也许很适合表现一个地方的重要特征，如细部和材质的色彩。

一个复杂的图像，可能要求采用系列介质，从铅笔（能表现光线和色调强度的层次）到水彩（能浸润图面而显示要重点关注的各种关键区）。

此外，对观察速写的注释，作为一种进一步彰显独特的观察评论以补充绘图的方法很有用。这些注解可以阐述各种活动、材料或考虑因素，它们可能会影响在那个空间或环境里的未来设计定案。观察绘图旨在记载业已存在于一个空间里的东西，它们是对一个特定时间内那一空间的"解读"，因此绘图需要传递尽可能多的信息。

这张在威尼斯圣马克广场的草图，沿天际线，只追踪建筑物的轮廓，以描绘建筑物及其屋顶细部的变化尺度。

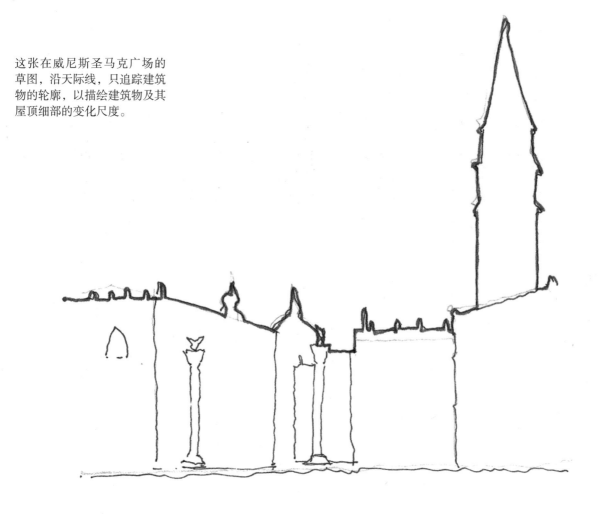

步骤分解：匆忙之中的观察速写

在城市里绘图可能很有趣，或者也可能很艰难。既然很多时间在室外度过，天气就成为重要的因素，决定你进行快速素描还是较慢实施的研究课题。重要的是做好准备：带上一本小的速写本，找到一个合适的绘图地点，它可能是坐在视野宽广的咖啡馆里或者站在街角上完成。速写本一定要有个硬封面，因为它提供进行速写活动的面板，并保护好绘图。采用你能买得起的最佳质量的纸张和各种类型的铅笔，以获得不同的色调。

1 首先轻轻地画出标志线。记住这些标志线是要在你的草图中形成比例关系，因此力求让它们简单并几何化。尽量把你所见到的东西分解成几何图形。

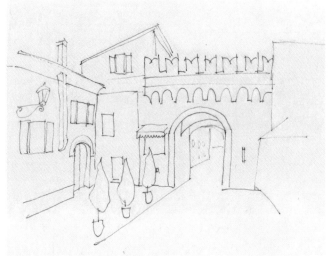

2 利用标志线，开始勾画出你所观察的东西的轮廓。

3 给草图加上细部。

特征描述

另一种观察图的形式是集中关注某一景观的独特因素：材料的使用、街道的光线和阴影、边缘、边界、街道中的物体。许多草图从一个视点上绘成，以探究和描述街景的特点。

和长长的视图囊括整个街景一样，还可以绘制较详细的观察图，以考虑材料和物体的关系，包括车辆和人，这可以表现空间的尺度。这两种不同类型的绘图间的关系，即远景视图和特写细部视图可以揭示部分相对于整体的关系。

一个城市的草图，可以在街面上或从更高的视点上绘成，以获得对全城和城内各种关联的更加清晰的了解。在城市里进行素描时，包含其他绘图，如平面图和剖面图也很有用，以便进一步解释各种建筑物和空间的关系。

要设计城市环境，必须仔细研究现有的环境，它提供了有关这个地区的线索，而这些线索可以在城市发展的理念中培育形成。在城市设计中，了解背景关系是成功整合新观念的关键。

把空间按原样或按被体验的那样去记载的速写技巧，可以揭示城市在特征上如何变化的。这样的对比性练习也许很有用：先在一条街或一个地区绘图，接着移到另一处，再画视图，然后将建筑物、体量、形态和密度等情况进行对比。

可以运用各种介质来素描城市，但就此而论，绘图必须快速和在户外进行，因此轻巧的钢笔或铅笔通常是最好的选择。如果你的时间充裕，采用颜料、蜡笔、水彩或铅笔以强调景象的某个方面，可以有助于突出画面。

通过添加文字注释，素描就可以从更多的细节中受益。观察速写可以纳入正式图纸中，以解释视图的材料使用或其他重要方面，供进一步考虑。

对页图
经由一条市区路线的系列小素描，可用作城市快照。

下图
水彩可有效地用于捕捉色彩感，使素描生动逼真。

步骤分解：城市中的序列景观

利用地图、摄影和彩色素描，这一套图像表现了在城市里的旅程，也是从戈登·卡伦的书《简明城镇景观设计》中的理念发展出来的，在该书中，他描述了穿越城市的一系列景观。

在每幅草图下方，是通过该城的路线的抽象图解，而且每个观察点在路线图解上都被标明出来。虽然这些素描本身探究和重点关注系列经历，但这也考虑到了对旅程的理解。被选出的景观的照片顶端标出了钢笔画出的轮廓，并且用简单的淡水彩着色，因此，建筑物的轮廓在序列画面中仍然清晰可见。

5

6

7

8

本页和对页图
这些图片选自速写簿，显示系
列绘图处理手法：拼贴技巧、
影印、摄影和其他各种介质均
被用于记载各种理念和观察
中的经历。所有这些图像和观
察速写都被用来为设计建筑
或空间提供思路。

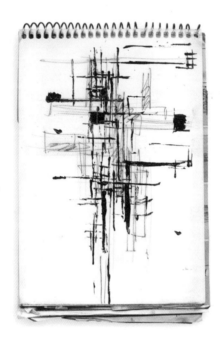

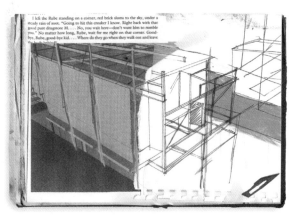

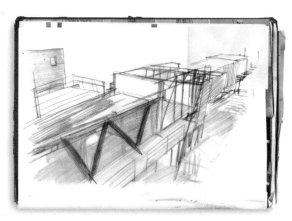

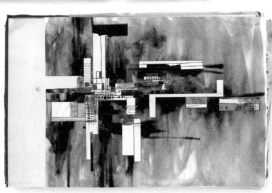

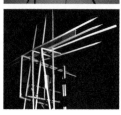

绘图类型

用于表现不同规模的建筑物的传统系列正规绘图，也可用来描述城市或在城市环境的历史中的建筑物，正规图纸是按各种比例测量和绘制的，包括平面图、剖面图和立面图。

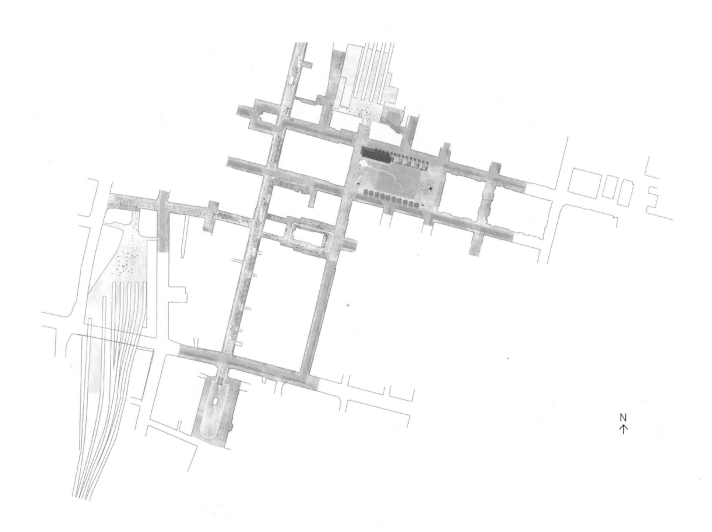

N
↑

上图和右图
这幅为改善格拉斯哥乔治广场的竞赛方案图，是 KAP 建筑师工作室绘制的，方案通过隔离出格拉斯哥市中心一部分平面来布局场地，并把空间同贯穿城市的主要路线连贯起来（上图）。同时也绘制了一幅更为详细的广场本身的平面图（右图）。

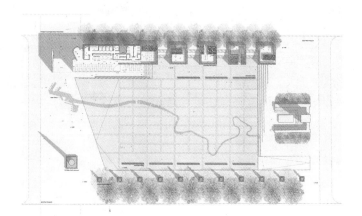

平面图

平面图是能够呈现场地位置的图形，它把一片场地置于一个地区的较大地图中，以定位一个建筑物或方案。平面图让你了解入口、通道和遍及场地的活动情况，也包括重要的相邻地点和相邻建筑或设施。平面图应该标明方向，因此指北针很重要。按惯例，平面图要定方位，因此指北针在图面朝上，尽管有时不可能。使用网格线时，它们通常标明北向在图面顶端。

剖面图

城市的一个剖切面让你了解各种关联和建筑物的相对高度，这种绘图可以是一种不合比例的草图，但它有助于描述相对高度，例如横穿一条街或广场。或者，剖面图可能和测量平面图或地图有关，后者是城市勘察或精细绘图的一部分。

轴测图

轴测图是描述城市的有用方法，它好像是从上方俯视的视图。利用平面图或地图生成的轴测图可以显示城市大片地区的各种关系，就像实物模型的作用一样，提供了很好的全景。它还可以用于解释概念或连接大型方案。分解轴测图可让一个方案表现为被拆开的系列层次，以显示方案中的各种关联。

下图

这个由罗基·马奇特（Rochy Marchant）和埃金·伯林西（Ergin Birinci）设计的参赛方案，为大马士革城提出了一个塔式结构，塔楼的剖面图显示同周边建筑的关系。

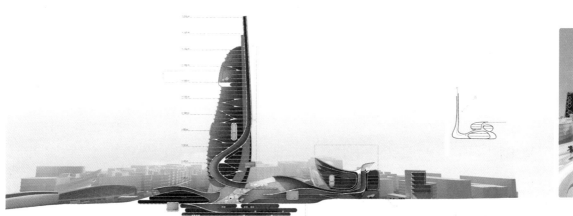

数字技术

利用数码照片和各种软件，可以描述系列理念，使重新诠释现存的环境，调整或突出其景观成为可能。

和对一个城市或场地进行速写观察一样，摄影调研也很有用。为城市摄影时，也可以把相同技巧用于那些速写时运用的技巧中去。可以描述一次旅行，此中可能有对远景的调研，然后又有对材质或表层的特写研究。相片可以序列化，以讲述一种经历故事，以及怎样解读城市某一部分。其中也许有对阴影、光线、材质或形态的调研。照片的优越性在于它们可以在事后用各种软件包去操作处理，例如 Adobe Photoshop，以强化、修改、夸张或重新安排一种景观，这意味着这个图像可以作为几种而不只是一种景色而存在着。

下图

罗基·马奇特和埃金·伯林西做的这套照片合成分析图，把一张场地和重要特征的关键点的航拍照片和独特的图片结合起来，以描绘各种细部。

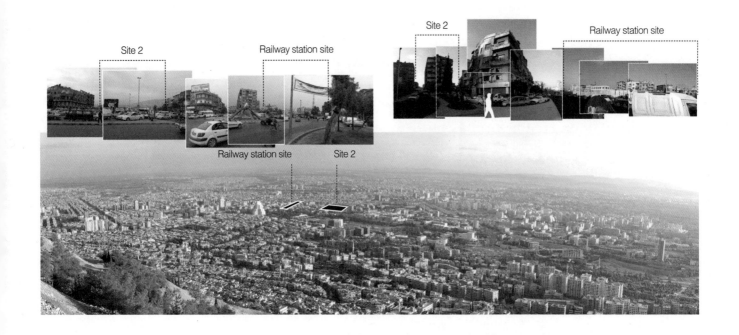

情节串连图板技术

情节串连图板用于影片制作，作为一个组织手法，有助于为电影设计序列框架，它对组编绘图和像电影那样讲解在城市中的经历，都是一种有效的手段。情节串连图板是一种框架，能够在画面间表现行为和运动。

下图
这一组在英国南安普敦的旅行诠释图，突显了环绕一处主要开发区的路线上的主要景观和建筑物，也记载了行人和车辆的活动情况。

底图
在这套铅笔素描中，描绘了建筑物的细部，它描述绕朴茨茅斯的旅程。

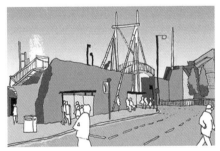

步骤分解：漫游

　　漫游或"游荡"的概念是在巴黎的情境主义者于20世纪50年代发展起来的。盖伊·德波对不用传统的比例尺地图去探索和描述城市的新方法很感兴趣。"游荡"让人们探索和发现新的空间和地区。考虑其暗含物质和空间或者色彩和光线间的相互关系，城市可以被理解为各种经历的汇集地。观察和记录这些差异，是扩充你对各种材料知识的最佳途径，这些知识不仅有关可用的材料的范围，而且也涉及运用和收集材料的不同方法。

1 开始在新城市里行走，不要制订任何计划——尽管让你自己随心所欲地"游荡"好了。

2 用相机或素描记下各种景观，尽力创建一种摄影日记。看着街景，然后拉近镜头，以弄清细部和材质。

4 记下色彩。靠近观察各种并置的色彩和光线在其表面上的效果。

3 打量景观，记下体验，这也许是在墙体上的光线或阴影的效果。

5 将你的徒手画和所摄照片结合起来，以创作不同的图样。同一景观可以用来描述物质特性、光照特性以及旅行中的空间体验。

绘画与拼贴

有关城市最早的一些视觉记载就是绘画作品。一幅画传递对事物的一种理解，这种理解可能是瞬间的和体验相关的。它可能是计划好的表现日常生活的情景，或者可能与某个地方的想法有关。绘画涉及有趣的氛围、色彩、光线和材质。绘画这个词，指的是在一个固定的背景上使用任何色彩，以表现某个地方的景色的一张图像。传统绘画会涉及油彩和画布、水彩和纸张；而现今这些介质更加多样化。绘画的准备工作和目的性要详细斟酌；但它仍然是描绘城市的一种重要方式，需要对主体和技法进行周密计划和仔细考虑。

画任何主体时，使用速写本不失为良策，它可以检验和提升理念，以及计划画面。素描需要仔细构思，并加注解，以表示图面将包括场面或景象的哪些方面。绘城市景观时，首先必须确定视点；阳光和阴影的方向，将对景色有影响。室外作画和体验光线在城市或广场中的变化，可以增加对场地的理解。花时间选择作画位置或视点，确定画框和主体，都是在图像内重点关注的一部分。和使用照相机一样，取景框对设计绘画或作图都

上图
序列城市景观用作情节串连板，在素描中创造故事。这幅由潘特·赫兹佩思建筑师事务所创作的景观图，显示了在英国怀特岛的东考韦斯小鸟码头区的船只博物馆。

右图
由潘特·赫兹佩思建筑师事务所创作的这幅有艺术风味的林肯城市街景，显示了仰视戴恩斯的景色，而林肯大教堂成了一个焦点。

左图
这系列图像显示对城市中旅行的说明。旅行中的景色和体验几乎是以抽象图面来加以说明的，从而突出了光线和肌理等方面。

下图
这张拼贴图，是通过建筑物的摄影图层照片混合数码立面图像而创作的，数码图的入口和墙面为近景，人物则被叠加在图上，以形成一种尺度和活动感。

水彩用于此图中，以创作一张
城市路线的平面图，同时引发
在同一条路线上进行体验。

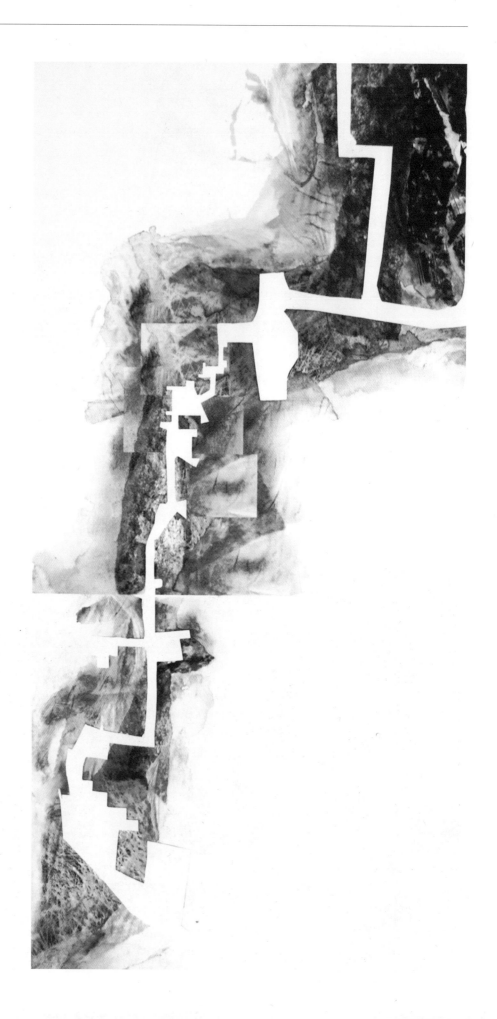

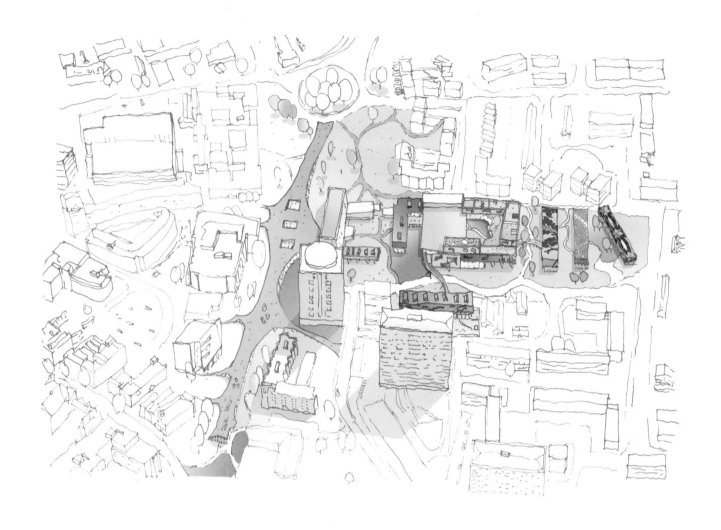

是关键，还要确定需要包含哪些元素。

　　一旦花时间领略了景观后，为了表现出对一个地方的印象和明确绘画的意图，就需要对采用的介质作出重大决定。开始时，最简单的办法就是使用优质纸张的素描簿和勾勒背景轮廓，然后引进色彩以诠释景观。你的处理方法也许简单得像识别亮部和阴影一样，或者集中于材料肌理和表面。如果图像需要表现某种不透明的东西，那么就使用水彩，以显示颜色层次，如果需要一块固体颜料，就用丙烯酸涂料，也可以用油画颜料以示画面纹理。彩色蜡笔有柔软性，可以考虑色彩混合，做色彩实验和着手检测介质，以弄清它在不同情况下如何反应，做这些都很有用。

　　开始绘图所需要的东西只是一本结实的素描簿而已，而其他基本用品则用于作画：如简单的木块，画板或面板等，如果使用重介质，如油画颜料，那就必须有精心准备的结实表面，以承载颜料。而较轻的材料如水彩，

此图通过让现有城市结构为单色，和色彩只用于图中的插入部分，清楚地显示了新、旧城市的特质。

可以施加于优质纸面或相似的表面上。

初始概念可以用绘图来实现，接着运用水彩或颜料，再然后进一步绘制，可通过扫描或数码摄影以及用软件，如 Photoshop 进行修改。对一种有趣地包含色彩、光线、色调和阴影等方面的理念的诠释，能够生成有震撼力的图像，而且它能够作为方案外的一种艺术表现而存在。

下图和对页图
这序列城市背景中的方案建筑视图，系用一种简单而又有效的绘图技巧创作的，这种技法干净利落，很适合专业表现。

下图
一幅画可以通过一种独特的、创造性的和抽象的方式，使之用于表现和分析一个城市。

底图
由理查德·墨菲建筑师事务所创作的像水彩渲染的电脑渲染图，表现了剑桥基督学院从"研究员花园"望过去的实践室、门厅和礼堂的设计方案。

步骤分解：速写的水彩渲染过程

　　水彩增加层次感，同样给速写添上色彩可凸显一处景观的某些独特方面，给速写局部着色，可能是强调图面某些部分的有效方法。完整的水彩画费时——色彩要分层，颜色的浓度通过画面上的着色层而形成。

1 开始速写；

2 给天空加水彩，使用足够的水让颜料渗开，然后用纸巾轻抹，以形成一种有吸引力的退晕效果；

3 天空水彩变干后，给某个建筑物着色；

4 最后，给整幅画面添加阴影和细节，并让其变干。

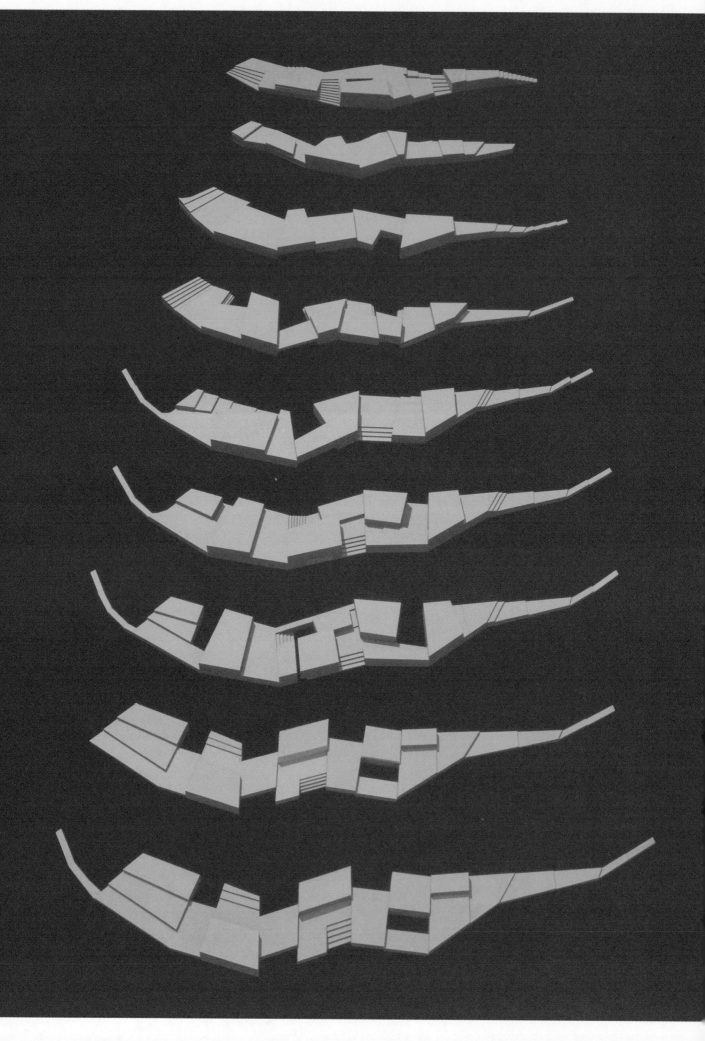

作为数据的城市

作为数据的城市

分析手段

　　有一系列方法来描述现有的和规划提出的城市环境，其中包括各种地图绘制和测量技术，以及其他更加抽象、立足于阐述信息的技术。

　　许多有关城市的历史或统计数字的资料，可以通过地图、图表或图解来表示——例如人口密度、城市环境的使用功能、建筑物高度等信息。像太阳轨道和风向等气候资料，可以直观地被解释和描述。作为资料数据的城市，采用了可行的各种直观方法和技术，把复杂的有关城市的信息转化为易于解读的图像。

　　克里斯蒂安·诺伯格·舒尔茨（Christian Norberg Schulz，1926-2000）提出"场所精神"（genius loci）的理念，有助于我们理解城市环境。这些理念意指场所意识，它可以通过绘画和制图单独地被阐述。然而，还有一些利用绘制地图的技术来测量和记录城市的方法。

　　本章探讨了可以用于描述城市空间和场所的分析手段。

　　分析信息资料要求了解，然后审查主体。这种分析需要表现为一套单个的视觉信息，以便它可以进行恰当的诠释。这方面可以借助绘图、照片、图解或地图来完成。所有这些表现类型都有其局限性和优越性，有些信息需要仔细拆分，以便明确地表达和理解。

提示："谷歌地球"

　　有些程序，如"谷歌地球"，创造了一种探索一个城市和了解其环境而不用索源地图的机会。这些资料提供可以用多种比例尺度获得并且可以用作轴测图或仅为了解地址分析的基础。

步骤分解：通过照片与绘图分析

　　一个城市场所或地点，可以用表述其不同方面的系列照片来分析。利用精心挑选的一套照片，把其中的图像拖过来以凸显这一地区的特定点或特征。

1 这张照片把城市广场同远处的标志物联系起来（例如远处的尖塔）；

2 先在场地上拍一张现有建筑物的照片，然后把一幅设计出的新柱廊结构素描叠加其上。画出的柱廊，反映出存在于当地别处的柱廊形式；

3 这张覆盖着柱廊的透视图，带有叠加于上的素描，以突出柱子和拱券的形态；

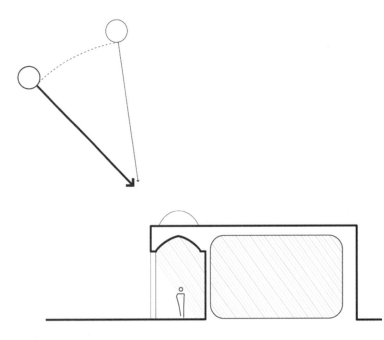

4 建筑物的剖面图解，说明了建筑内的阴影如何影响空间的，以及阳光高照时柱廊如何提供阴凉的。

下图

此图利用英国布赖顿地图作为分析的起点。地图以色彩显示层次，以识别建筑物的用途：提出的新开发区用一层灰色来表示，而开放区则涂成灰色，用双道细线表示路线，以表示全区的联通。

图解

以清楚而简明地解释复杂的信息的最简单的方法就是用图解法，还可以加上色彩以阐述系列理念。实际上，一个城市可以被简化为一套图解来解释几何图形、轴线和路线等方面。图解可作为平面图用来阐述一种理念，而且也可以作为城市的剖面图。素描和图解间的差别就是图解的简化特性，它应用的线条最少。

图解也许是在地图或平面图上突出信息关键点的标记图，例如路线和通道。或者图解完全任意地画出来暗示一种观念或思想。图解必须保持简单，以便清楚地解释一个想法或一套观念。此外，附加文字可以有助于详细解释一种理念。

城市文脉需要用许多不同的方式去描述，有时分析性绘图或图解可以成为需要连续考虑的系列绘图的一部分。绘图可以有许多附加上去的层次，例如色彩以增加清晰度，文字以详解一种思想或一个要点，就总体规划图来说，平面图上的文字或者透视图可以重点关注一个要点或理念。

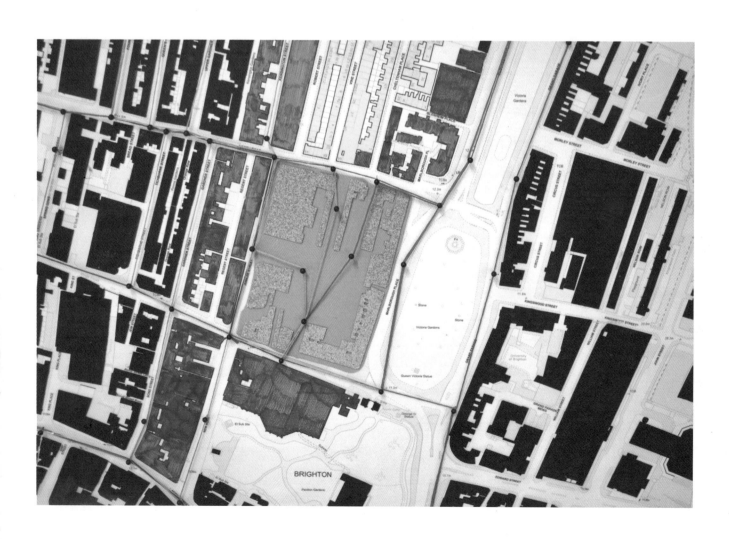

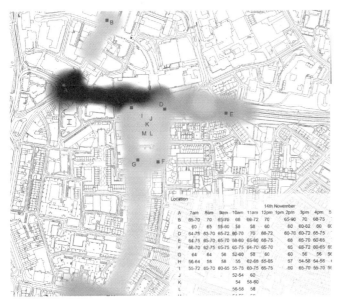

上图

此地图利用色彩浓度变化以分析朴茨茅斯一个地区的噪声度。

右上图

运用色彩以突出城市中的活动区域。

下图

在这张地图上，色彩用于分析和表现建筑物的高度。

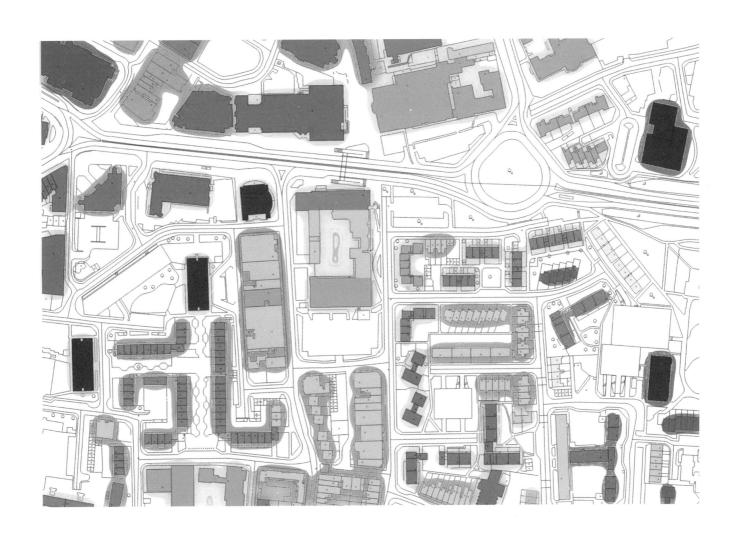

步骤分解：布局分析

　　第一次思考一个场地时，一套分析性三维草图，可以帮助研究有关提供概念深化过程的场地的理念。下面的图像表明某些理念和目标是如何被探讨的。

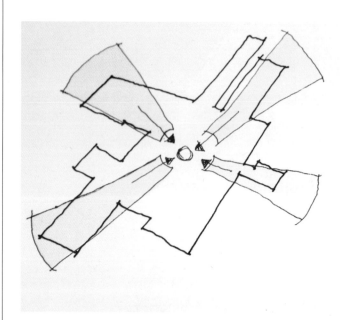

1 展开场地，增加场地的出入口。

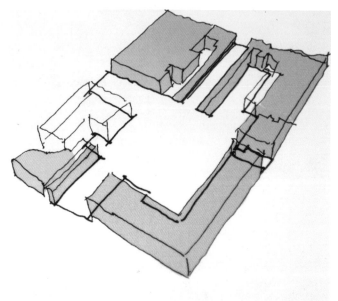

2 思考更宽广的城市环境和现有的周边建筑的用途。

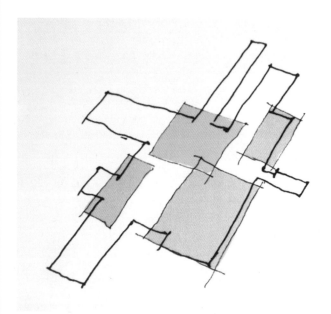

3 考虑城市文脉以确定提出的方案的可行的空间布局。

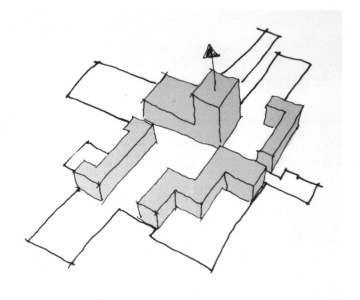

4 创建由外部空间限定的建筑体块，并阐述纵向布局的内涵。

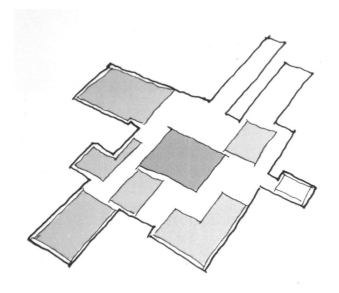

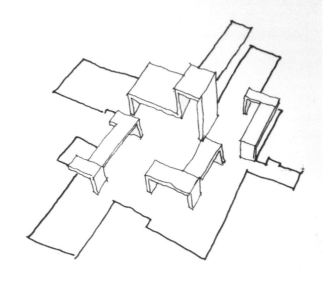

5 由纵向元素决定通向主要中心广场的公共空间系列。

6 由平面确定的外部空间和建筑形式。

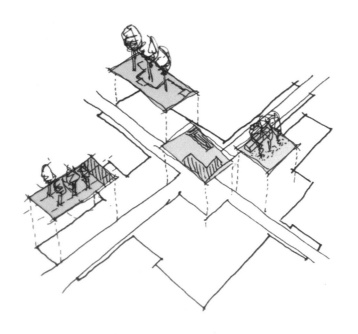

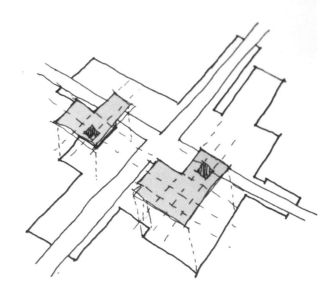

7 公共空间的景观布置和利用"街道"连通这些空间。

8 思考正式确定了的空间上的内部布局。

开始做场地分析时，一张城市地图将有助于思考，并为绘图提供依据。分析性绘图可以始于城市局部的地图，然后临摹地图以突出城市结构某些独特情况。不同比例的系列地图很有用，就城市范围来说，也许有些需要识别的连接点或路线，而其他的场地特征可以用不同比例的地图或平面图和就近的场地相连。这方面可从简单的组织系统开始，例如几何图形，连接线或城市中的轴线。可以考证历史层面，确定重要的区域。地形特征，如河流和小山可以分隔出来，而边界能够提示所有权、场地界线或控制区。

区分所有这些信息很重要，以便把城市作为系列层面来加以解读。然后对这些元素加以考查，以便对场地构成有个更好地了解。分析一个场所就是尽可能清楚地解读该场所提供的信息，可以利用地图来完成，但三维绘图，例如轴测图和等距图也能诠释这些理念。另外，分解图可以分解信息，以便让城市的"层面"得以被辨认和理解。

上图
在伦敦考文特花园，对人类活动模式和城市设计特征的城市基线研究图。像这类研究图是用空间句法（Space Syntax）技术创作的，常被建筑师用来形成和评估设计理念。

右图
机遇和局限：此图表明用图 – 底地图作依据，快速分析城市特征。

视觉记录

视觉笔记是记载在一个城市旅行或经历的想法的一种方式，可以对在城市中碰到的信息进行分析，也是一种素描结合文字的产物。此种信息在以后可起着对重要观察的提示作用，或者可添加到图纸上，以表达某些独特的理念。当第一次体验一个场所时，在其中到处走走，记下重要的特征和观察印象，并作小素描以记录建筑物的高度、形态和规模，然后在图面上加上文字，以解释特殊的参考要点，这样做很有用。

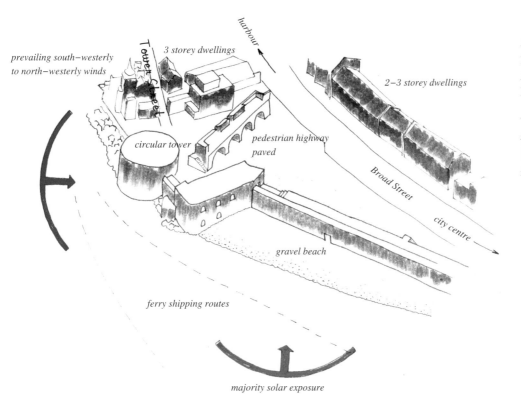

左图
素描标明了一个场地的关键点，并用文字去帮助解释其他重要的场地因素。

下图
指示符号用在这儿以强调英国南安普敦城里这一地区发生的活动。

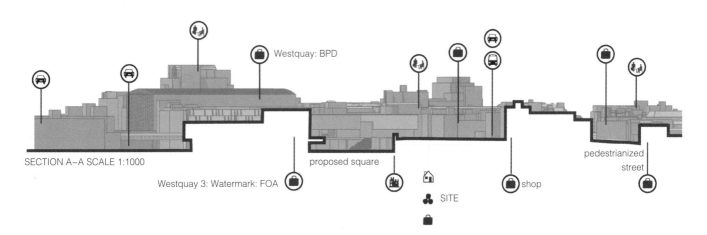

下图

这些图－底地图以系列信息
图层描述了一个场地的不同
方面，它们表明了建筑物、边
界、连接路线和土地用途。

图解序列

系列分析图展示在一起，对理解城市的演变或总体
规划概念可能很有用。以相同比例绘成的各种图样可用
于概念对比，或者把一个概念分解成几个简单的阶段。

下面这几种图样，基本上是一套某地的地图或图解
性表现图，它们的生成旨在创造一个连贯的整体。

这样的地图可能是利用图－底技术，描述和空间隔
离的建成形式，或者它们也许用色彩以区分一种概念的
独特之处。

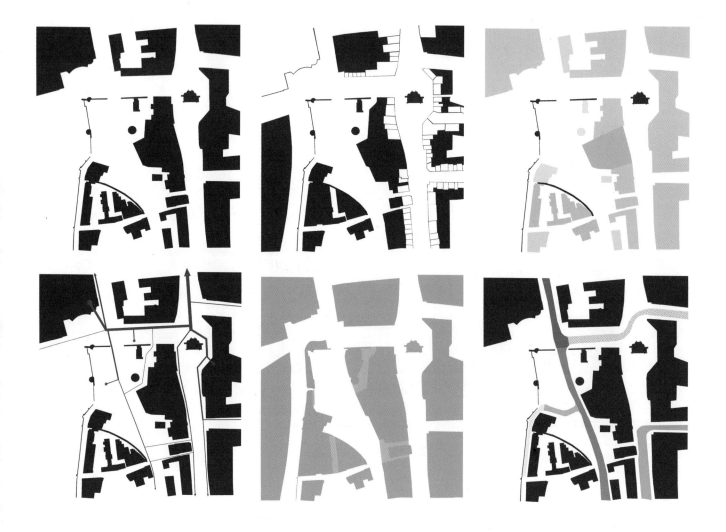

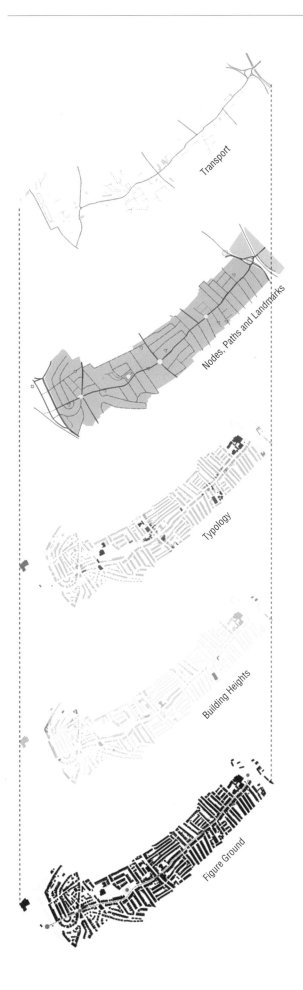

Transport

Nodes, Paths and Landmarks

Typology

Building Heights

Figure Ground

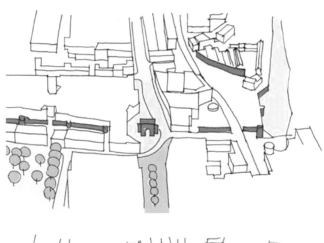

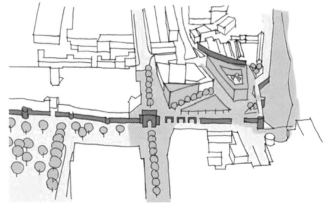

左图
这幅图 – 底平面图已被分解，
以便突出关键因素。

上图
这系列图像表明空中摄影的
使用，以帮助城市分析。

步骤分解：场地分析

为了获得成功的场地分析图，拿上现有的地图，在它上面盖上描图纸，然后开始作草图。这种描绘，包含对同一场地作不同的分析。关键是要创作系列图解，而每一图解都有一个不同的目的，分析路线、形状、类型和环境。使用不同的色彩让你的分析更容易理解，图解应该简单，以便有效快速地传递你的分析。

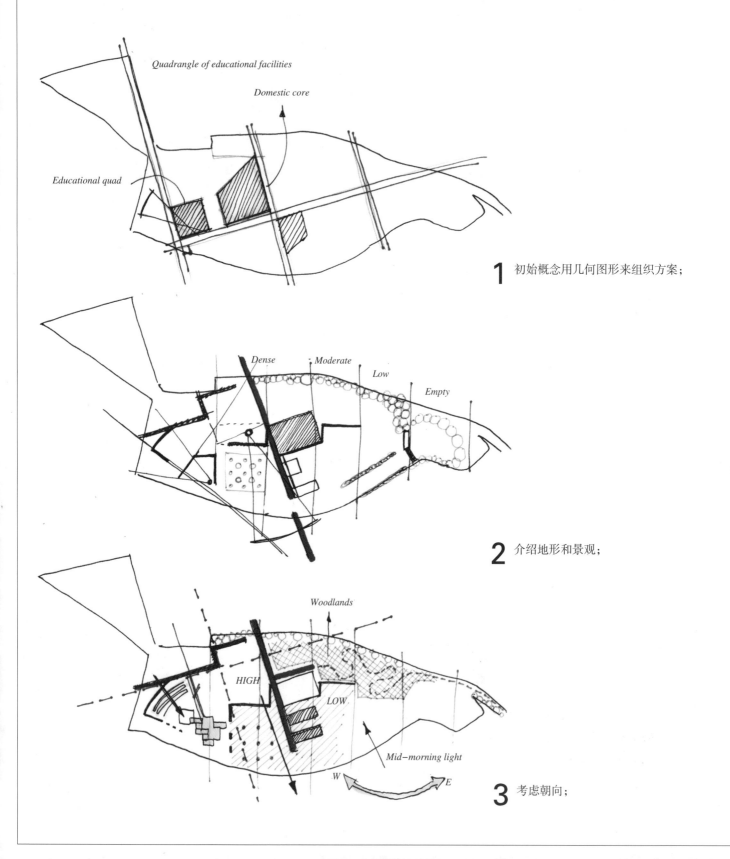

Quadrangle of educational facilities

Domestic core

Educational quad

1 初始概念用几何图形来组织方案；

Dense   *Moderate*   *Low*   *Empty*

2 介绍地形和景观；

Woodlands

HIGH

LOW

Mid—morning light

W   E

3 考虑朝向；

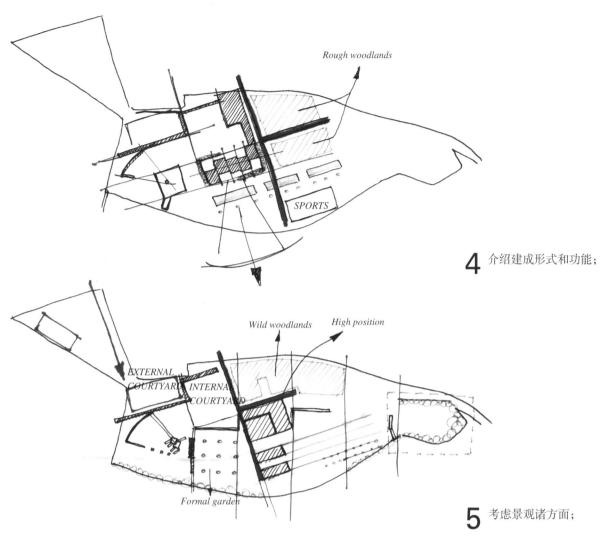

Rough woodlands

SPORTS

4 介绍建成形式和功能；

Wild woodlands   High position

EXTERNAL
COURTYARD   INTERNAL
COURTYARD

Formal garden

5 考虑景观诸方面；

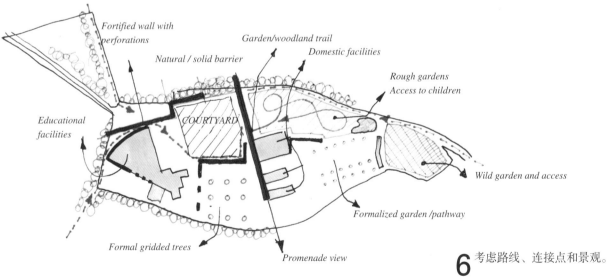

Fortified wall with
perforations

Natural / solid barrier

Garden/woodland trail

Domestic facilities

Rough gardens
Access to children

Educational
facilities

COURTYARD

Wild garden and access

Formalized garden /pathway

Formal gridded trees

Promenade view

6 考虑路线、连接点和景观。

下图
在现有照片上有趣地使用了色彩，不但使图像栩栩如生，而且起着强调建筑物边界的作用。

轮廓与摄影

　　当以一种较容易理解的方式分解场地因素时，照片就是一个有用的起点。原来的照片可以在 Photoshop 中拖过来，以强化场地的重要之处。这一技术可以用来划定某个特殊关注点或细部，或者可以用来辨识某些特殊的建筑物和供考虑或开发的场地。这种轮廓线的使用是一种简单而又有效的手段，它能把照片改变成重点专注于对独特的景观的考虑。不同的色彩可用于和连接到一个关键问题上，例如识别城市中的所有权或土地用途。

轮廓与摄影

上图

这序列图像显示对大马士革一个露天市场和阴影状态的分析。照片上用轮廓线划出的元素，旨在强调阻挡街面的直射阳光，以降低热度的传统策略。第一套图考查了旧露天市场在白天特定时间内的阴影状态，而第二套则描绘了一个建议的现代露天市场开发项目的阴影状态，两套图的方位朝向都一样，而且阴影状态都在一年中的同一时间记下的。

绘制地图

任何地图上都不是万事俱备；丝毫不差的地方永不存在。

赫尔曼·梅尔维尔、莫比—迪克 1851 年

一幅画通常不表明行动计划，雕刻和透视画也都不能，但一张地图总是断言一种行为。如果是历史题材的作品，它就记载了某种行为并且允许观看者自己去考查它与某个地方或地点的关系。所有的地图都是抽象的形式；它们让想象的和经历过的东西相连。地图是一种视觉表现，但它却描述某种看不见的东西；因此它是现实的抽象。

当我们考虑我们的城市及其演变和发展时，我们总是参看地图。地图的水平表面记载了空间、地点、街道和建筑物之间的种种关系。

给一个区域绘制"地图"就是利用一套资料来表现那个场所的理念。可用的资料可能多种多样，从确凿的

右图
用空间句法技术绘制的慕尼黑平面图，它以一系列色彩图块来表现这个城市。

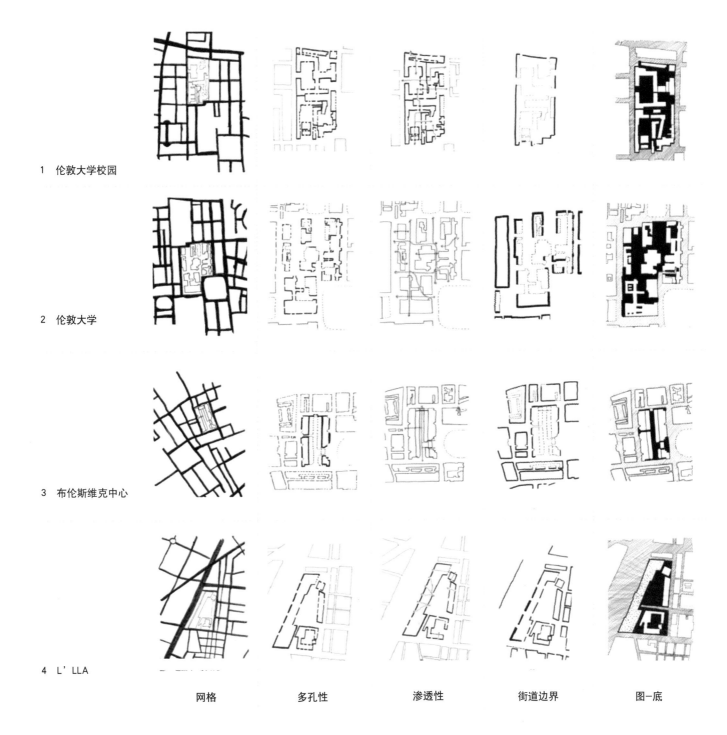

1 伦敦大学校园

2 伦敦大学

3 布伦斯维克中心

4 L' LLA

网格　　　　多孔性　　　　渗透性　　　　街道边界　　　　图－底

上图
在 S333 建筑师事务所绘制的
菲茨罗维亚和布卢姆斯伯里
地区的研究草图中，分析了城
市街区规模的大学校园系统
的性能和组织。

Typology

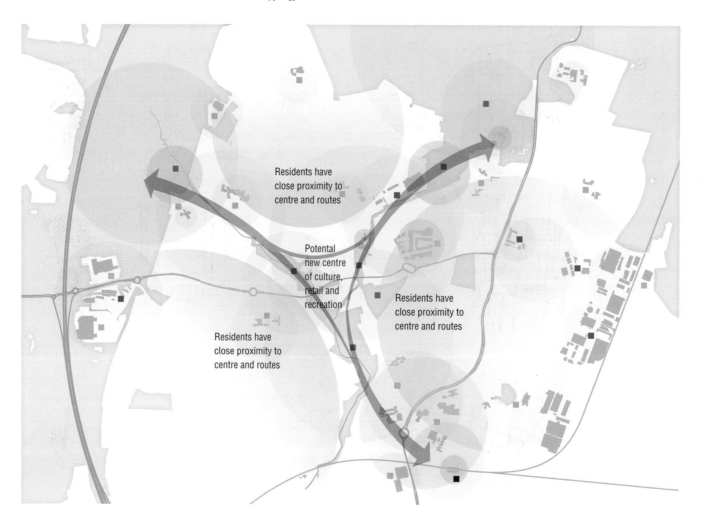

Residents have close proximity to centre and routes

Potental new centre of culture, retail and recreation

Residents have close proximity to centre and routes

Residents have close proximity to centre and routes

信息——测量过的建筑、街道和广场——到人口密度。地图绘制也可以描述在不同环境中的功能。

一张地图就是一个镜头，通过它，观察人可以领略对地图绘制人世界观的诠释。地图一经绘好，就成了图像，即成了更广泛的文化描述的一部分。这些图像是对地区的物质性的说明，并且记载了该地过去的记忆和文化历史。一张地图最终表现了一个时刻和一个地方的特殊印象，它可能对信息资料有选择性，并以特殊的方式讲述一段历史。地图可以描述旅程、城市功能、开放空间或光亮和阴影的区域。任何需要描述的信息都可以进入地图。

地图以制图通用语起作用，允许绘制心智地理。
——J·B·哈利 制图学中的"拆析地图" 1989年第26卷第2期

绘制地图时，绘图人需要弄清他希望看图人要走的旅程。还需要具有这样一种意识：地图将给出从一处到另一处寻路的简明信息和提供沿途意外有用的东西。

地图是多种记载系统，在这种背景下，城市就成了快速交流复杂资料的一种方式。地图可以是一种对旅程或以视觉形式呈现出来的资料的二维表现法。

形成于1957年的情境主义者，是一群运用心理——地理的处理方法的积极分子，这样的方法让空间印象决定城市环境。盖伊·德波（Guy Debord 1931–1994）自称情境主义者的领导人，挑战了城市作为真正的物质环境（见第22页）的理念。这个团体绘制的地图很少关注比例，而利用经历以倡导旅行和连通，即"漫游"或城市游荡的理念。这个在城市中漫游而没有预告确定的计划的理念，也和查尔斯·鲍德莱尔（Charles Baudelaire, 1821–1867）的观念"闲逛"（flâneur）相通：他让巴黎和城市理论化，认为它就是一个大房子，供人们在其中漫步和体验，在城市里的街道类似于走廊，餐馆类似于餐厅。

把自己深深融入城市之中，不但是一次实际旅行，而且也是一种逃离现实的尝试。

认知地图：感知与认识

"绘制地图"这个术语，可以看作与一个场所接触的过程，许多需要了解一个场所背景的艺术家，会以制图形式表现他们对环境的诠释，这也许就是组合一套提供艺术作品依据的信息。

美国心理学家爱德华·托曼（Edward Tolman，1886–1959）使用一种名为"认知地图"法，去分析老鼠在迷宫中的行为，他观察发现，行为是通过尝试和错误而学会的。地图就是用来描述行为。心智地图就是图解，用于描述各种理念，有助于解决问题和作出决策，它们是抽象的情景地图，上面的信息的安排是按照信息的有效性进行的，可能和记忆或过程，功用或活动有关。

其他种类的地图还包括概念地图，它有助于以特殊的方式来表达认识和信息。所有这些绘图技术都涉及情景、场所或理念之间的联系，其过程很重要。地图也可以相互叠加，以让信息从一种制图操作传递给另一种。

对页图
箭头用于指明通过城市环境的道路。

下图
像此处展示的照片合成，能成为一种分析城市建筑外观韵律感的有用手法。

图 – 底绘图

下图
一种倒置的图 – 底地图更加
有效地显示了负空间。

一个城市或场所的地图，需要比表示边缘和边界的线条更多的细节。图 – 底地图允许对不同的空间环境的描述，利用测量过的图纸和按比例绘好的平面图以表示密度或城市空间。

传统的图 – 底地图把建筑物确定为由空间隔离的实心体块，这就让建筑物和空间可被清楚地解读，以获得一个地方的密度感。它也就是对图（建筑物）和底（建筑物之间的空间）的一种解读。

这一操作的最佳做法是让建筑物在一幅图像里表现为实体，而在另一图像中，空间则被解读为实体——也就是说，元素被颠倒了。

图 – 底地图是一种抽象的地图，但通常按比例绘制，它有许多用途，而且允许把一个城市理解为一个完整的地方，或者理解为一系列不相关联的地图。

这一技术可以提升，用于识别和描述不同种类的空间的特征。例如，区分公共和私有空间——或者制作三维地图和模型，它们可以给图样以层次感，这种操作的类似物就是摄影底片，它作为一种过程，显示了观察或理解场所和地点的新方法。

提示：图 - 底地图的比例

当地图印制出来时，重要的是核实它的比例，选择"合适的页面"或者输出时调整压缩度很容易，采用简单的电脑屏幕尺度，并且用比例尺在最终的打印件上检查它。

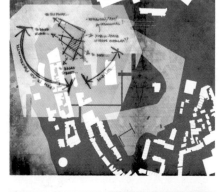

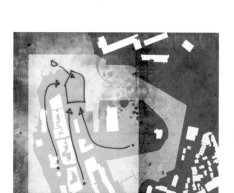

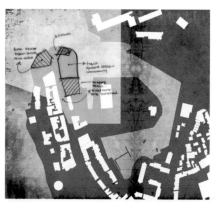

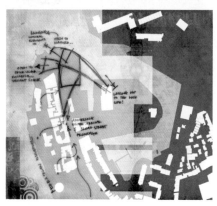

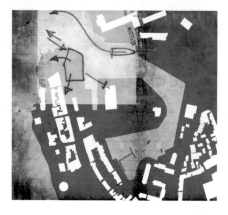

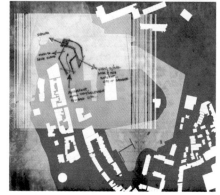

下图

S333 建筑师事务所为英国普利茅斯的德福特所作的伯彻姆公园西北端奎德兰特的总平面图的设计方案，表明在建筑群和综合用途的城市中心形成中，对高校空间的作用的理解。建筑师们的做法宣扬了绿色空间的连接性和优越性的理念。

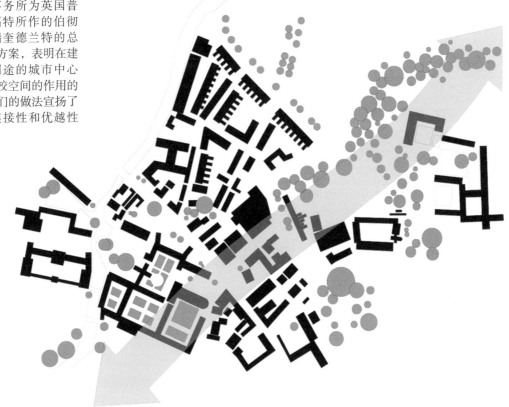

上图
由 S333 建筑师事务所创作的休姆，曼彻斯特的系列原型图－底地图。不是过多就是过少的公共空间的历史极端性和地区类型同质化等问题，通过新的差异化网格得以解决。

右图
一种实物模型在图－底中显示了主要的地形因素和建筑物。

步骤分解：创作图 - 底地图

　　这种过程，要求研究地区的精确地图。这可以在电脑上完成，或者作为一种手工绘图练习。图底也可以深化为三维模型印象。

1 在地图上铺一张描图纸，描绘出街道边缘和建筑物的轮廓。

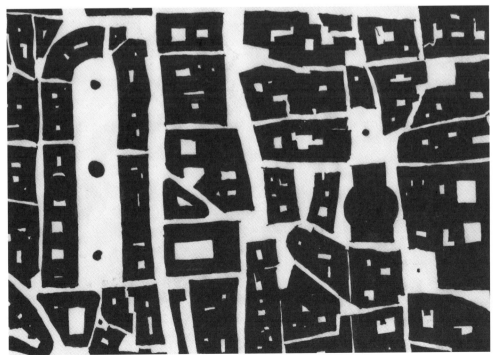

2 用黑墨水填充你刚才描出的建筑物，做完后，你的图－底地图就完成了。要弄清你要识辨为"空间"的城市诸方面。

步骤分解：创作图 - 底地图

概念领域

下图
由 Re-Format 建筑师事务所绘制的场地剖面图，系英国诺丁汉拟议方案中切离的，以揭示建筑物相对高度。

底图
由 Design Engine 建筑师事务所设计这个大学校园投标方案，穿过系列建筑物，以揭示该场地构筑物和空间的关系。

"概念领域"这个术语指的是一种在不同的知识领域间建立联系的发展理论。

我们用来描绘城市的图纸、素描、平面图和剖面图能够以按比例测绘的图纸或连接城市环境的素描的形式结合起来运用。概念领域在城市中切出一块，在那块切片中，显示城市的概念和遍及城市的各种联络方式，它可能显示购物区同住宅区的联系。在一座城市中，可能有规模方面的差异，例如，一个地区有高层建筑，而另一个地区则是低层建筑。这类图纸确定主要概念，并和加上注解的草图联系起来。这种图纸能够揭示只看地图理解不了的理念。

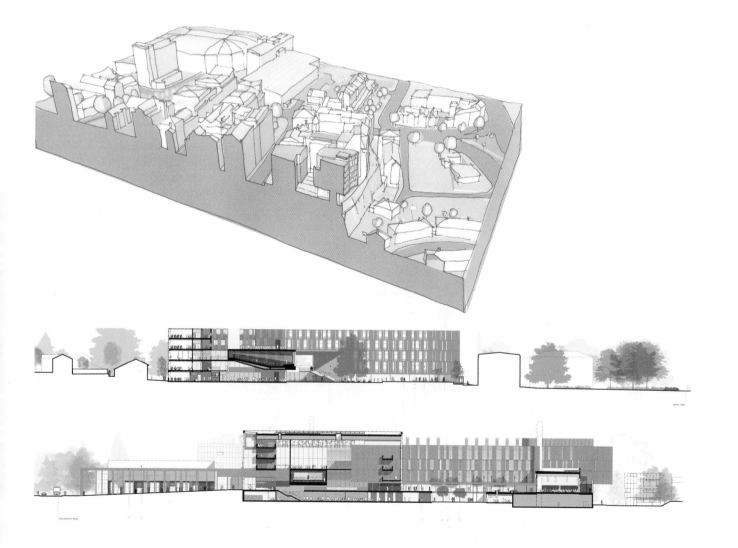

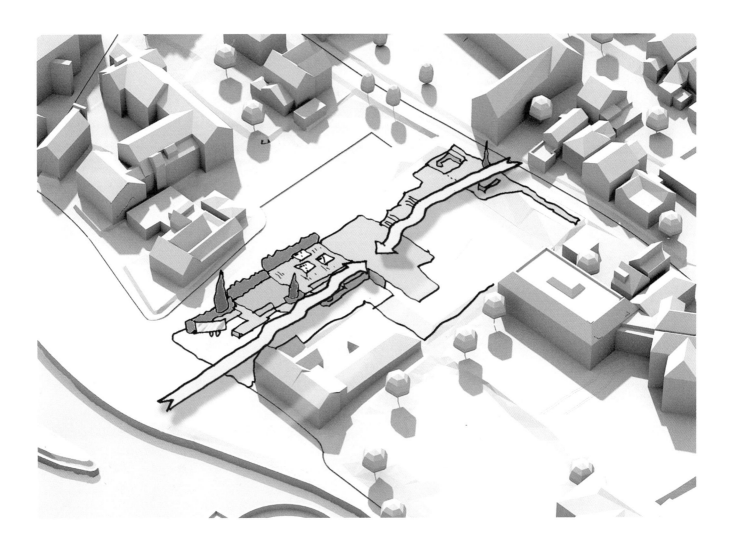

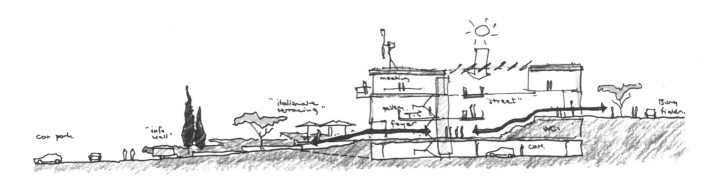

顶图
由 Re-Format 建筑师事务所绘制的位于吉尔福德的教堂项目草图，覆盖到 CAD 场地模型上，以表现提出的方案将如何同周围的建筑物相联系。

上图
同一个项目的纵向剖面草图，显示方案设计同城市文脉的关系。

数字技术

摄影可以认为是一种绘制地图的形式，一种记载环境的方式，它可以是观察性地吸收我们周围环境各个方面，并且捕捉历经时日的变化。摄影记录是文件记载和理解场地的一个重要组成部分。航空摄影是那种文献记载的一部分：从上空解读一个城市，提供了进行观察和衔接以及在更广泛的背景下理解这种连接的可能性。

如果进行系列航空摄影，并且经过时间的检验，那么就能对城市的发展变化进行评估。航拍照片能使城市的密度直观化并将各个部分进行对比。

本页和对页图
在这一系列露天市场的照片中，通过数字技术运用了一层色调和色彩，以勾出重要的建筑细部的轮廓和通过现有建筑将注意力吸引到路线的独特方面，然后照片用于创作一个简化的市场电脑模型，在其中，还研究了日光效果。

对空间和场所的摄影记录，可能涉及各种在其他学科里更为常用的技术，以便诠释城市经历。拼贴和序列电影图像，即借用影片制作和情节串连图板的技术，可以探索在系列空间里的活动的理念。

当第一次访问城市的某地时，对城市进行摄影调研很重要，以便发现该地的特征。这样做的目的也许是对旅行感兴趣，创作拼贴，或者是记下系列景观。可以利用图像来识辨一个地方的不同之处，例如材料的使用或建筑物的形态。为城市环境摄影，就如同需要画草图那样需要进行仔细观察，拍下的照片可以用来创作建筑理念或城市不同地域的设计理念的照片合成印象。

用不同的软件处理数码照片，可以描述一种理念的广度。图像可以强化或扩展为一种更大的表现图。

照片图像可以拖过来，以强调景观的特殊方面，它可以成为设计方案的拼贴图的一部分，或者用作照片合成，以表示城市的一个地区或设计方案可以如何发展。

提示：序列景观

有时在匆忙的城市建筑旅游中难以找到时间或合适的位置停下来绘图，这时拍摄一组照片，以后用作绘图的依据，实在有用。

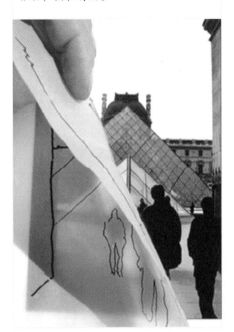

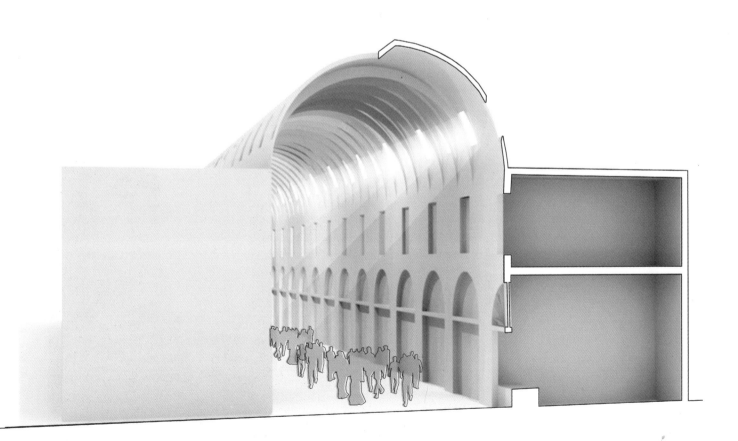

同样，电影胶片是记录城市活动的好方式，利用胶片可以探究系列经历：空间距离、移动的光线、阴影和一个地方的动态。

电影制作中使用的许多方法也可以用于描述城市空间。尤其是情节串连图板是个框架，可让影片制作人把一部影片安排成序列图像，通过空间和时间进行叙事。情节串连图板，能够把城市旅行的叙述解释为一种真实的或假想的经历。

上图和右图
这些图像是系列研究方案的一部分，作为规划申请在爱丁堡奥尔巴尼·穆斯地区新的住宅开发项目的内容之一而提出的。该图由 KAP 工作室绘制。建筑师们利用数码照片和 CAD 图像以表示方案如何同场地相联系。

步骤分解：完善数码照片

　　利用 Photoshop 可以编辑图像，以强调各个方面：从建筑物的色调和阴影到限定它们的背景。一种快速有效的完善城市空间的数码照片效果的方法，就是使照片单色或只添加一种色彩——在此样例中，蓝色的天空衬托单色的建筑物。

1 在 Photoshop 中打开图片。

2 改变图片的饱和度，使之成为单色。

3 然后调整亮度和对比度，以得到更有表现力的图像。

4 最后，创建新的图层，并给照片某个元素添加色彩——在此例中，即天空——以便使建筑物真正突显出来。

模型

下图
城市模型，如此例（它从好几个视点上显现），对提供环境背景很有用，其中，可以检验单个方案。

设计一个建筑或一个较大规模的城市设计项目时，一个重要的考虑因素就是在模型最有用的阶段。答案是，在整个设计过程的各个阶段上模型都很有用。这相似于把图纸作为一种手段以利于设计。在了解一个场地或城市的一个区域的初始阶段，表示比例和形态的模型，可以快速地阐明现存的东西，然后它又可以一直被用到方案的最后阶段，到那时，它可以用作表现模型，说明一个全面发展的理念。

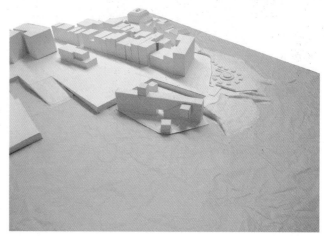

模型很容易被那些未受过专业训练的设计人员所理解，模型代表一种整体描述一个理念的重要方式，尤其是它们能让城市中各种联系得以容易地被了解，让较大的系统如街道、路线和建筑物的规模相互关联。一个模型不一定要那么精密，它只需要三维地传递理念就行。有时，一个硬纸板模型就足以在某个特定时机里表达一个方案和检验思路，然后你可以转到另一个模型和另一个理念上。像这样的一组模型，就成了设计和发展过程的一部分。

正如任何形式的绘图或记载一样，模型的目的事先必须了解。它可能传递空间和形态信息，可能有些需要描述的有关联系或交流方面的东西，一旦确定了，然后就可以决定做模型的技巧和尺度。

实物和 CAD 建模都可以描绘一种空间，因为模型用于而且也能够用于分析一个地方的历史和演变。实体模型可以成为工作模型，它具有某些作为固定点的元素和设计特征，而这些是可以互换的。这就让演变中的理念可以很快地被理解和被表达。

实物模型是表现城市现有面貌和未来面貌的一种有效途径，它易于接触，也允许直观联系和了解城市规模以及城市的部分如何同整体相联系。一个大的城市模型可以是有关布局、建筑形状或形式，或者也许是很抽象。许多模型被用作设计过程的一部分和描述最终理念。

现今，许多城市都有一个城市模型，作为展览会的中心展品，以表它们对未来发展的责任。巴黎在兵器展馆中有座城市模型，伦敦则在建筑中心有一个。这些模型是讲解城市在如何演变的一个重要手段，而且它们让所有的发展变化置于一种广阔的背景中，反映城市永远变化的性质。

模型对城市理念来说是主要的交流的手段。它具有某种风采，而且在许多层面上可供调研和理解。它让你去领会布局、形式、相对尺度和高度、景象、远景以及种种联系。模型也体现同个人的关联，让观看者感受理念发展的部分过程。

下图
电脑模型制作公司 Zmapping 利用一种特殊的软件程序以创作相互作用的三维城市模型。投标方案可以通过其他软件程序输入，并且在这些模型中观看。这儿显示的图像是两幅用数字地图数据生成的布里斯班（澳大利亚）的模型视图。

下图
黑白摄影和投影被巧妙地用来
显现城市环境的布局。

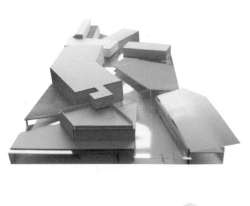

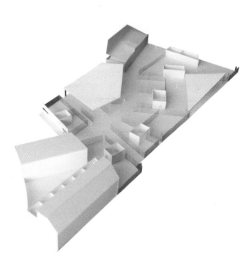

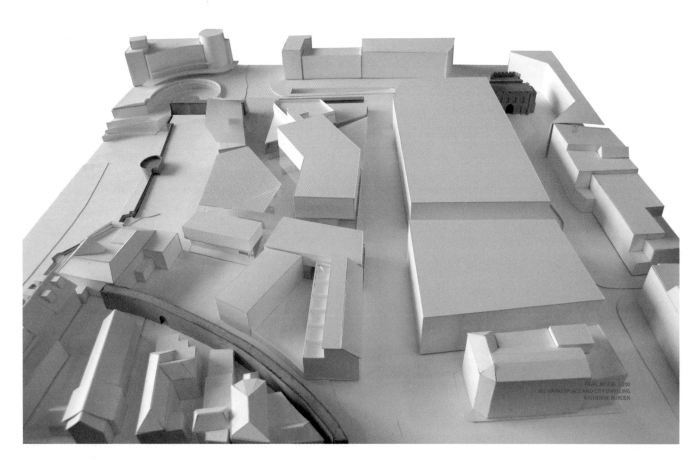

模型制作材料

实物模型可以用任何材料制作：从回收再用的纸板到较为精细的需要激光切割以求精确效果的材料。

大多数实物模型，需要一块可能是木质的底板，例如胶合板或刨花板或者较轻的材料如塑料或卡片板。更加宏大的方案可能使用别的材料，例如丙烯酸、金属或塑料。

城市模型需要深思熟虑，以取得区分现有建筑和空间同提出方案的建筑和空间。利用不同的材料以突出这种差别很有用。一个好办法就是让主要模型用中性材料制作，例如白色板材，因此看似一块空白画布，然后以明显不同的材料插入提出的理念。材料的使用,如丙烯酸，也能在模型中利用光线以照亮城市或建筑物的不同部分。

制模过程已大大发展。一个开始制作城市模型的简单方法，就是把一幅比例尺地图或平面图铺到底板上，并在它上面添加各种元素。城市模型可以采用许多不同的切削技术;可以运用激光切削设备，以便根据数字绘图，获得精确细致的建筑物。

泡沫板可以用于获得快速的城市模型效果。使用热金属丝切割器，从各种泡沫板上切割成形，以生产简单的体块形式。城市的大片地区，可以通过使用木工机器来切削简单块料表示建筑形式而得以实现。

上图
这个模型由阿莫德尔斯（Amodels）制作，系 S333 为普利茅斯的德里福特伯彻姆公园投标方案。它显示了主要设计概念：一个基于庭院、街道和公园景观的城市结构。

左图
纸板是制作草图模型的一种极佳材料。

体块模型

要了解建筑物的相对尺度和规模，可以利用基本信息制作体块模型，以便对一个城市或城市的一部分有个综观了解。这些模型描述一个地方的建筑物的体量或体积，这类模型在设计的早期阶段，对传递城市的建成形式的密度和比例意识特别有用。

体块模型可以用软件，如 Google SketchUp（谷歌草图大师）制作成 CAD 模型，或者用体块材料，如木料或泡沫板制作成实体模型，它把城市简化为最简单的形式，即一系列体块。

体块模型使我们能理解建成形式的规模，也能让我们思考建筑物之间的空间，这样的模型在比例上可以不同，它们通常和军械测量（Ordnance Survey）地图有关，而且取决于细节，可能按 1∶1250，1∶1000 或 1∶500 比例绘制。

体块模型的制作在初期可以表示城市里一个地区场地上现有的布局，以后则可用来表示系列设计早期阶段的密度或布局方案，以传递规模和形态的内涵。

左下图
此图显示体块模式的应用，该方案的模型所用的材料和周围环境相同，以创造统一的效果。

下图
CAD 软件可用来制作体块模型，以研究投标方案和现有场地的关系。CAD 模型检验了一个在密集城区的项目的理念。

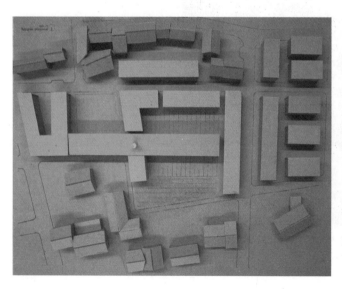

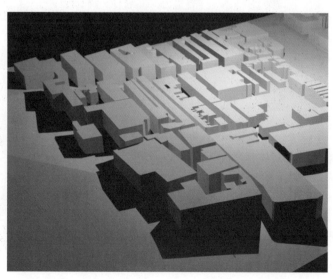

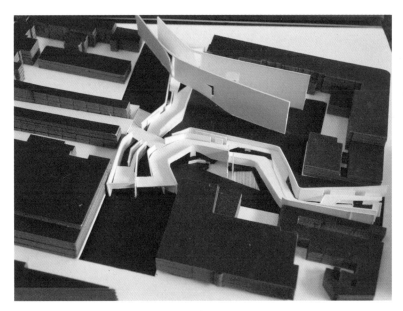

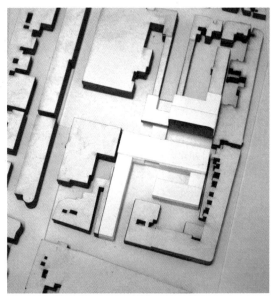

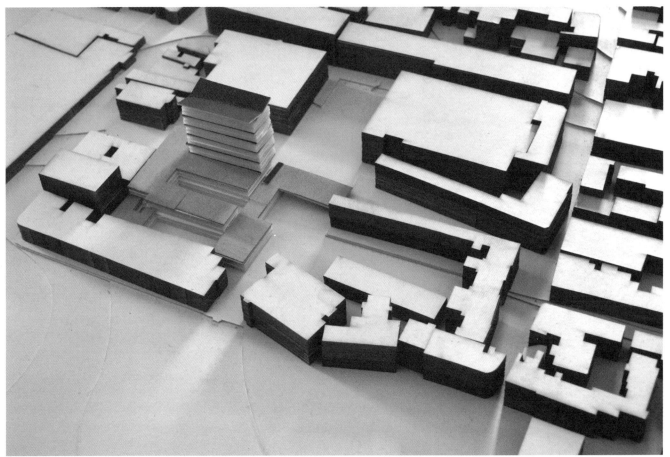

本页图

这些模型描述了在布莱顿一个项目投标的系列方案,方案以 1 : 500 的比例制作模型,以考查场地上体块的影响。

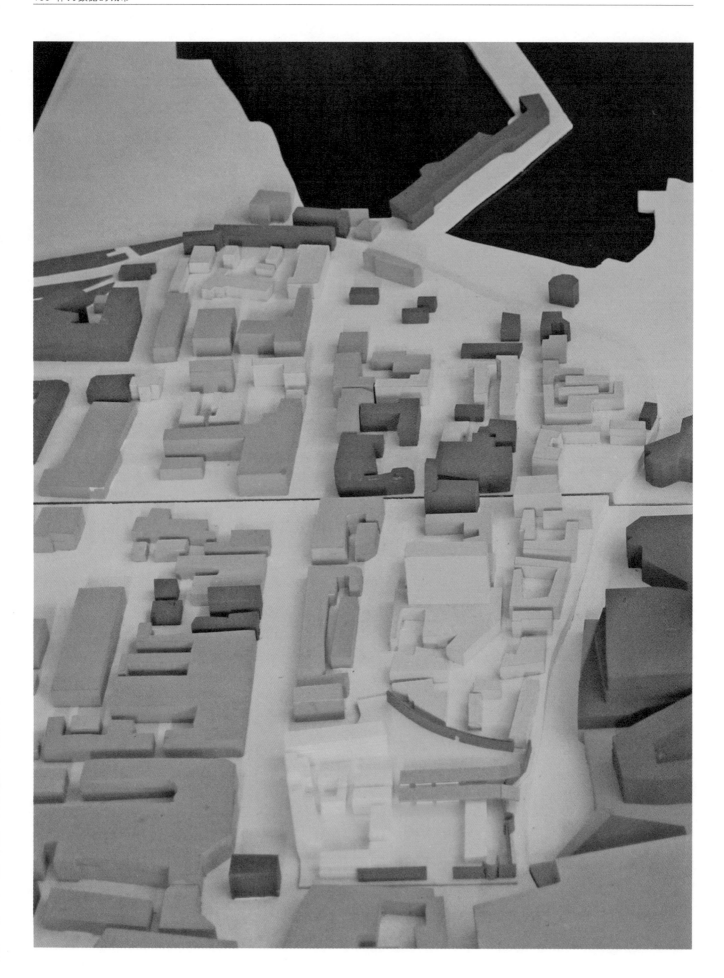

对页图
即使在单色方案中，运用不同的阴影色调，可给模型带来分析性层次感。

下图
这是阿姆斯特丹一个地区的城市模型，用网格作参照，提出了某个地区再开发的抽象视图。

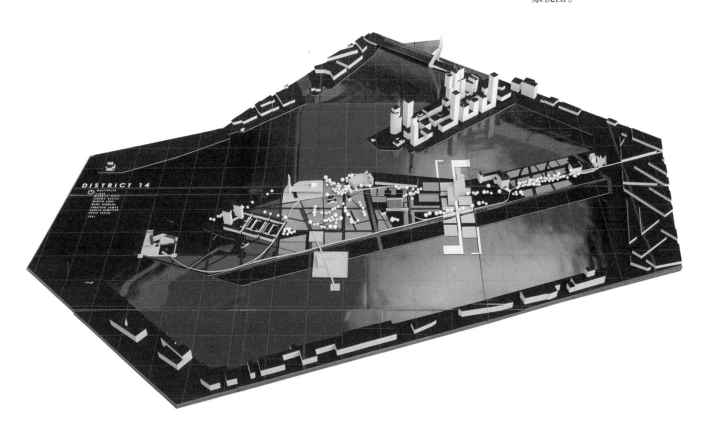

提示：体块模型

　　在体块模型中使用两种不同的材料，这样区分现有的和计划的元素就很简单了。在此样例中，计划的新开发项目，由最右端的不透明树脂体块来表示。

过程模型

设计一个城市的一部分，是个复杂的过程，涉及许多因素的考虑，因此需要花时间推进，重要的是要有系列能阐述理念发展的模型，即理念如何发展变化的。这些过程模型可能和场地或城市某一部分相连。也许是，一个特殊的模型，随着它的变化而被拍摄下来，这些照片也就是被记录的过程。或者是，在不同阶段上制作的模型被保留下来。早期的模型将集中于形态和那个被提出的在城市空间周围的形式的内涵。这些模型对设计师很有用，而且也向业主解释了设计的演变情况，因而记录了不同的思考过程和决策阶段。

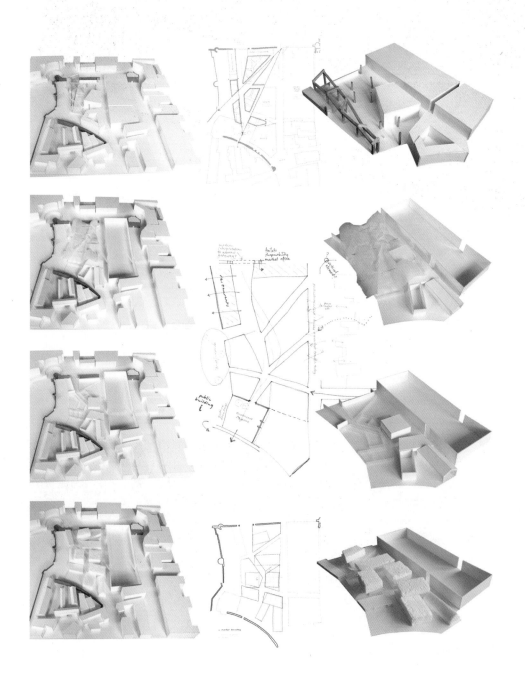

左图
草图模型对分析很有用，某些元素可以按要求而改变，其效果被多次拍摄下来。

对页图
戴维·奇珀菲尔德建筑师事务所（David Chipperfield Architects）制作的西班牙埃斯特波纳（Estepona）的坎特拉文化中心的过程模型。

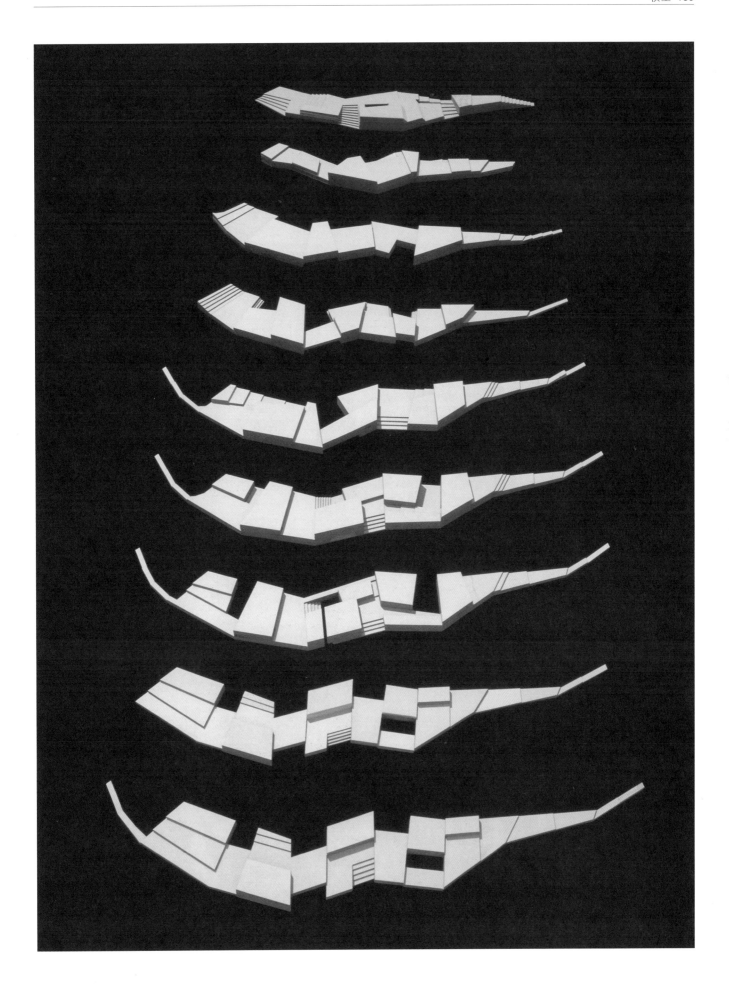

抽象模型

抽象模型对解释一个城市或总体规划的设计概念很有用。这些模型可以传递形式、空间、体量或材料的理念。和抽象绘图一样，其意图是要提出一种理念，而不是决定它，模型的元素可以被夸张，以传递理念的力量或本质。

这种模型可能比较含糊，几乎显得像绘画作品一样，而带三维元素。其中可能使用拼贴以表现理念的层次，或者模型本身可以被拆散，以揭示方案的某个方面。一个抽象的或概念性的复杂城市理念模型，在设计初期非常有用，可以将其理念集中体现在形式上。随着方案的进展，以保证执行最初的设计意图，它能够成为一种重要的手段。

下图
城市体块可以抽象化到它的基本元素，以提供对城市环境的核心分析。

右下图
一个重点关注格罗宁根（荷兰）的研究项目的模型，描述了内城底层庭院砌块转变成一个塔式建筑的参数化变换。

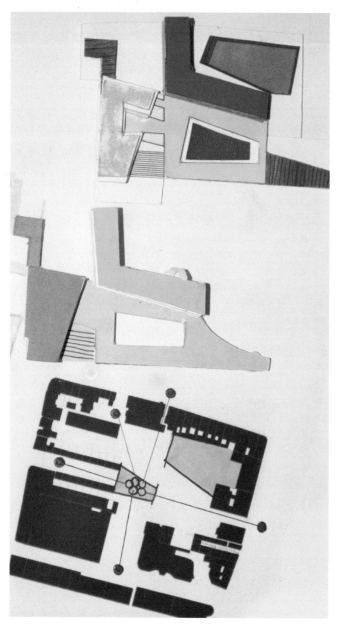

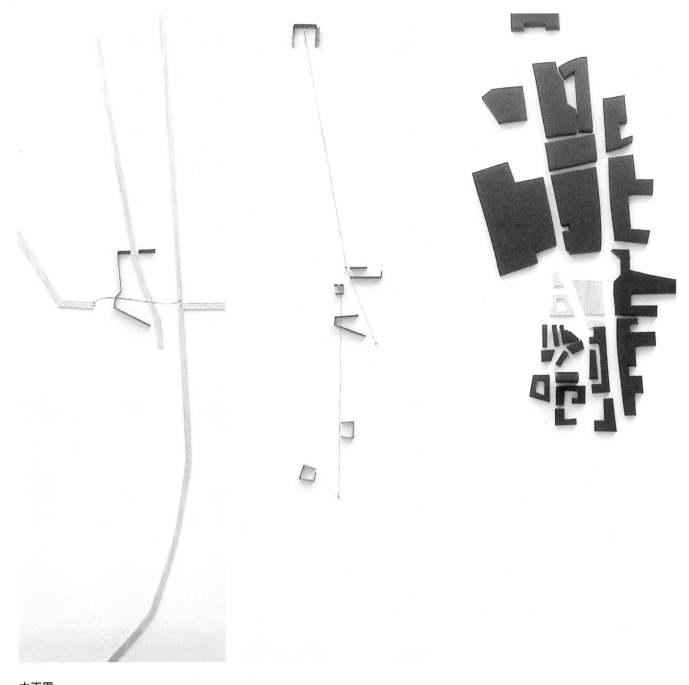

本页图
这个模型系列，乃是从环境中抽象出
一些特殊元素，以供分析。

CAD 建模

现代的 CAD 软件，能够以各种尺度，通过调取数字文件到建模机器中制作模型。还有能可视化的软件，因此，现有的和计划的城市景观都能被更好地理解。虚拟现实环境，能够模拟真实空间，以便研究城市。

CAD 模型给出不同于实物模型的印象，它能涉及巨大的一片实际区域，而且可以用许多比例尺度去观看，比如从街面到整个城市景观的鸟瞰视图。设计过程的每个阶段上都需要用它。初期，可以使用数字地图或"谷歌地球"视图以创建一个体块模型，这一模型然后可用于检验系列不同的理念。对 CAD 模型的最佳用法是和实物模型以及其他图纸并用：它们都有巨大的可行性，但也都有局限性。

实物模型可以让 CAD 图像层叠，反之亦然。利用各种可行的直观表现法去探研理念有许多好处。随着方案的推进，CAD 模型能够反映变化中的设计方案和形式的变化，并且模型可以迅速地从一个软件移动到另一个软件。

有些专业的渲染性软件，可以有效地用来强化特殊景观和创造印象深刻的直观效果。CAD 模型能够设计出难以置信的和神奇的假想空间，它已经从作为反映理念的工具，发展到让设计师们能以更富创造性和充满活力的方式去思考，从而创造雕饰般的而又有趣的城市景观。未来的城市正在向我们展示一片令人激动的新天地。

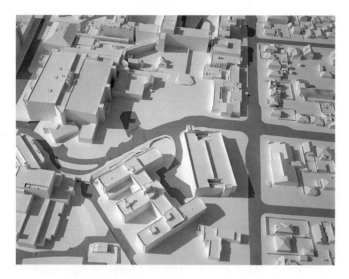

这个由"城市展望网络"公司（City Vision Network）制作的温哥华 CAD 模型，十分细致，让观看者能领略到建筑物的屋顶轮廓。模型也保留了真实的直观效果：建筑物在一天或一年的任何特定时刻产生的阴影，这是一种极可贵的研究一个新开发项目的影响力的手段。

提示：CAD 体块模型

简单的 CAD 体块模型可以经过一段时间而发展成为最终示意图。重要的是巧妙地选择视角以赋予图像以最大的影响力。

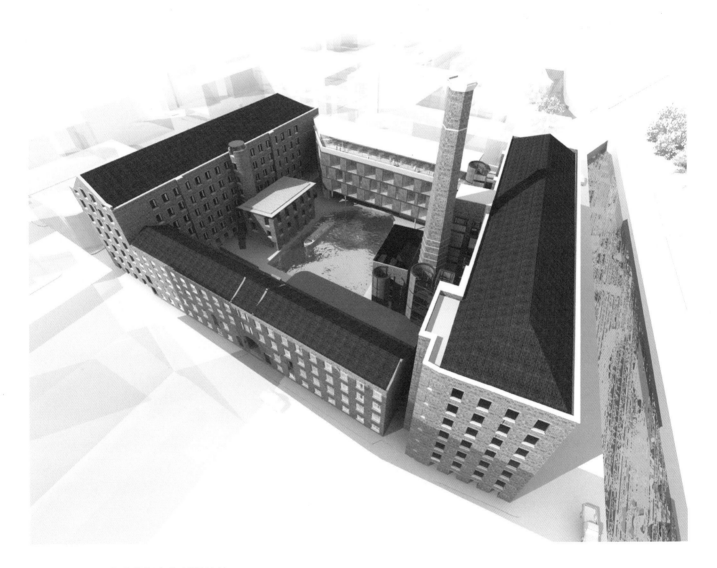

由理查德 · 墨菲建筑师事务所设计的
曼彻斯特安科茨村庄投标方案俯瞰图，
表示用电脑制模怎样能够严控用于项目
的细部层面，以和相关的城市环境形成
对比。

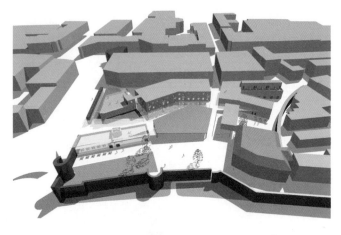

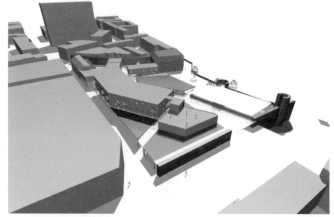

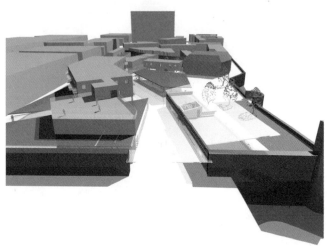

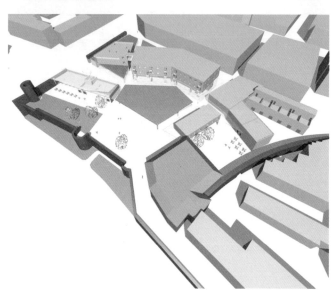

上图
CAD 可用于对城市环境的体量建模。可从许多不同角度观看和记录模型。

对页图
在这一系列图像中，CAD 软件被用于详述一个投标的参赛方案的动态直观形象。渲染软件包行之有效，可使方案看起来更真实，更鲜活。

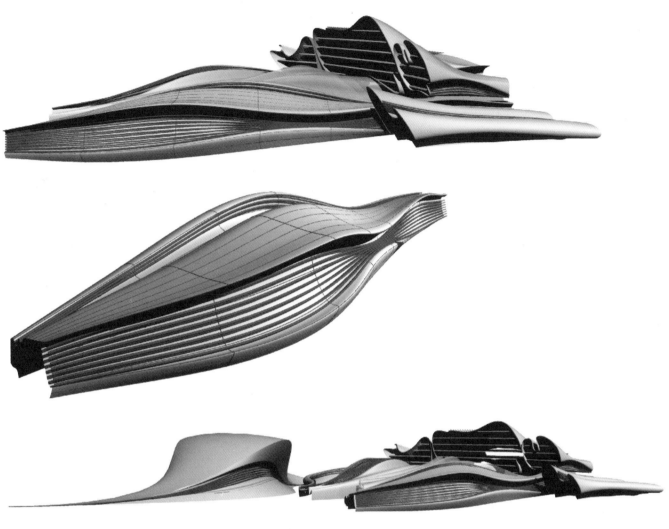

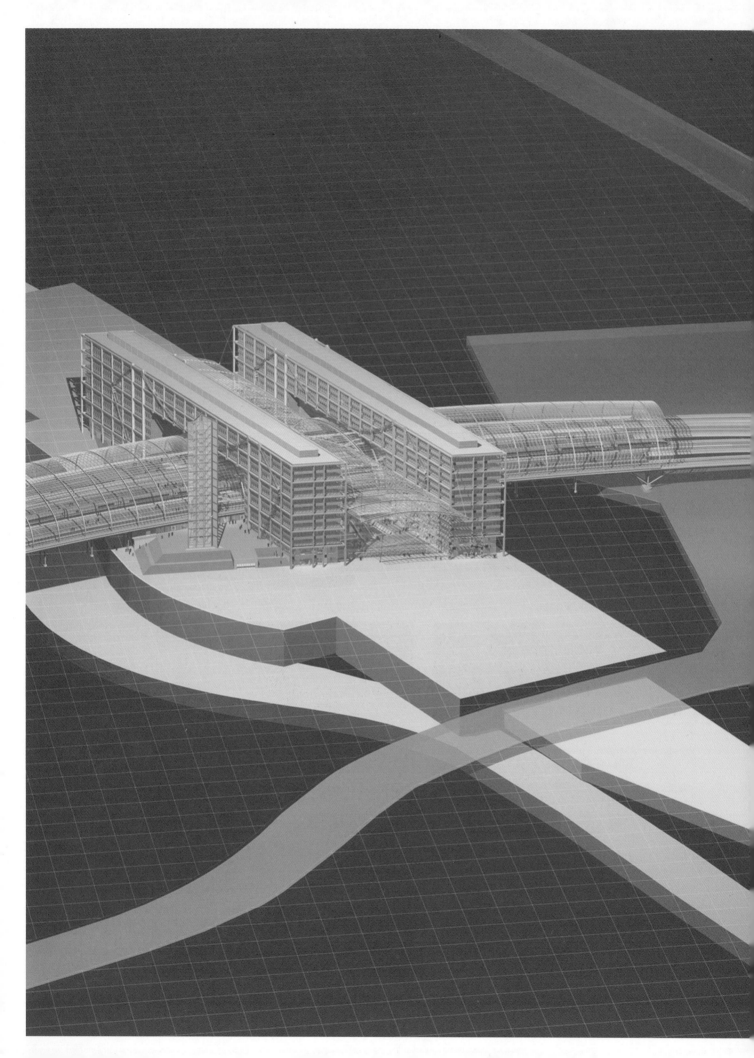

构想的城市

城市形象

设计城市要求有思考的不同阶段和系列交流及表达技巧。设想中的城市，重点考虑所需的表现手段，以解释新的城市阐述法。这些包括设计图、概念草图和模型（实物的和电脑生成的）。

新的城市需要被想象为一个令人兴奋的有发展前途的地方。系列图像必须表现新的建筑形式、富有启发性的空间以及创新的和激动人心的未来。绘图和模型需要精心设计和实施，以便使观众相信一个经历和建筑的新世界的可能性。新的城市环境需要大量财力投入，因此必须清楚地阐述其前景，以便说服投资人致力于项目的潜能。

对新城市的宣传表现，必须在许多层面上可亲可近，让初始概念同现有环境相联系，简化复杂的社会、物质和思想理念。实物模型对交流有关城市的理念很重要，因为它们是容易理解的三维交流介质。CAD中最具戏剧性的发展演变，可以做到给人们以印象深刻、电影似的体验，也就模糊了现实和虚构之间的界限，这也许包括

用于这幅黑白透视图中的细部，给人以真实感。透过树丛的景象、利用人物以表现尺度感以及建筑物在水中的倒影，都暗示了提出的方案是城市里的一个"真实的"地方。

通过引入人物和逼真的光照，这种动态直观化场面就生机勃勃了。

那些看似"几乎"真实、飞行穿越式的图像，它们给人以超现实的城市体验。

城市的前景是表现图中的关键因素，作为一件艺术品，在其本身中绘图的理念和它又是宣传项目的工具这一事实之间，可能界限模糊。有些艺术家兼建筑师建议通过绘画和制图来表现城市的远景，这些图像是极其重要。除非我们能够假设或梦想新城市的可能性，否则我们将永远不可能实现它。

表现图

表现图集是一套精心准备好的图像，它可能包括一张关键图，但在其中也有系列补充图纸，它们可以描述概念、想法、思考过程、细部和材料。

表现图的目的必须仔细考虑，城市设计方案可能需要交流那些说明社会、经济或文化状况等复杂的问题。

主要城市理念也许涉及各种促成因素。总体规划图可以由一位建筑师或设计师开始，而方案的其他部门则通过竞争进行。或者别的建筑师和设计师们也可参与。本节探讨总体规划的各部分，然后如何推进以支持城市的总体布局。

这一过程的最后阶段要求有表现图。这些图解可以附加说明，以便告知更多的公众，这样效果就一目了然了。像布置透视图、鸟瞰图或沿着重要线路一系列联络图都可能清楚地解释方案。

需要阐述、宣传和了解一个新的城市环境，也许还要求有透视图和照片合成，以便增进人们的兴趣和投资，而照片合成图像能创造一种暗示的现实，对此很重要，因为它们是拼贴图像，表现出透视景象和对城市环境及街道景观进行诠释。

定位地图或图解很重要，它可以是按比例的或者是抽象的，但应该容易辨认方位。更加详细的地图或平面图，可能成为场地或项目说明的一部分。

图像的组织需要仔细考虑；表现一个复杂的理念可能有好几种比例的图样，每种示意图都要求仔细斟酌。设计一套图样应该从草图或按比例缩小的最终版本的图像开始，然后图纸布局需要解释这一理念的可能性。

对表现图来说，识辨观众和了解他们将如何解读项目很重要。一个设计方案可能旨在激发公众的兴趣和思考，或许是为决策人、规划者和投资人准备的，就确定项目范围和可行性来说，还需要更详细些。

一个方案可以用 PowerPoint（微软演示文件）表现来交流，这是一种获取信息和讲解项目的有用方法，然而，这应该和其他介质合并使用，包括定位方案并使之场景化的地图，可以清楚地三维表现理念的实物模型，以及透视图或其他表现更加个性化地阐述观点、活动或经历的图纸。

左图
在 gmp 建筑师事务所绘制的这幅在柏林一个项目的图像中，利用线条和色调来传递有关此项目的实物结构和采光质量的理念。

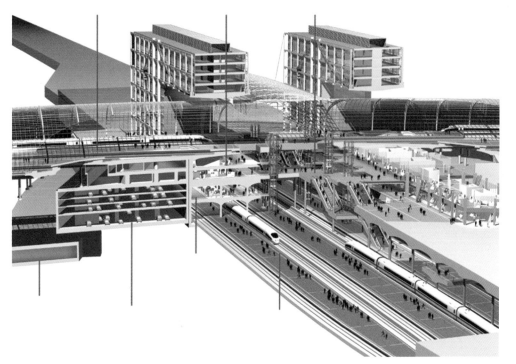

上图
这幅由 S333 和巴尔莫里（Balmori）合伙人共同创作的电脑生成透视图，作为彭宁兰开夏广场（Pennine Lancashire Squared）公共空间设计竞赛作品的一部分，并且利用现有元素的数码图像和 CAD 直观化技术，为投标方案创作了一张混合图。

左图
这张由 gmp 建筑师事务所（前页上亦有显示）创作的在柏林的一个项目的剖切轴测图，有效地在一张图中传递了大量信息。

提示：字体

　　展示你的表现图板时，选择合适的字体很重要。字体（古典的或现代的）对你的设计说明了什么？请看广告和设计杂志以获得启发。

上图
这张精巧的图像，采用了不同的透明度，以强调方案的主要特征。

对页图
由潘特·赫兹皮思建筑师事务所（Panter Hudspith architects）绘制的、通过一个伦敦斯特德大街（Stead Street）的投标住宅方案的设计剖面图，表现尺度感和在方案中特定的活动，使方案栩栩如生。

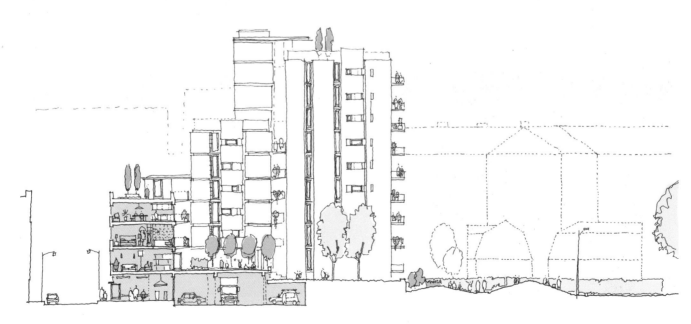

抽象化

当描述城市时，初始想法可能很抽象，而不是同真实的印象或实际尺寸相联系。城市可以通过比喻来解释为：如一棵树、一栋有许多房间的住宅、一台机器——所有这些想法把城市和由建筑师和城市设计师提出的理论方案联系起来。

抽象的概念可以激发出对城市未来面貌的新看法。许多画家从激情、氛围和经历方面描绘过他们对某个城市或地方的印象。抽象也许是一种概念的图解，从而产生对初始想法的理解。它也许是一幅画，用于表示对一个地方的印象，或者它可能是一种实物模型，用于传递一种同对地方的概念或解释有关的理念。

城市是一个被体验的环境，感觉性描述可以提供一套理解和诠释它的新方法，这可能是一场通过城市的呼唤运动；这种运动可能是一种声音印象，或者是色彩的使用，或者是来自电影或对一个地方的场所或经历的戏剧性解释的情景。每一种交流的方法都是有效的，一种经历的抽象化，可以成为创造性地解释一个地方令人兴奋的方法。

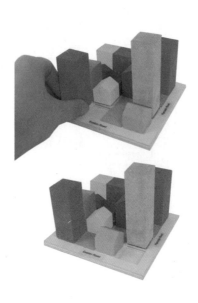

左图
由"大都市工作室"为城市改造而设计的系列明信片方案之一"故乡"（Home Town）。

右图
阿莱斯和莫里森为温彻斯特"银山"（Silver Hill）城市革新方案提出的建议，使用一种抽象的块体模型，以突出在周边环境里的计划开发区（底图中央部分）。

下图
由"大都市工作室"为城市改造而设计的另一套明信片方案"花城"（Bloomtown）。

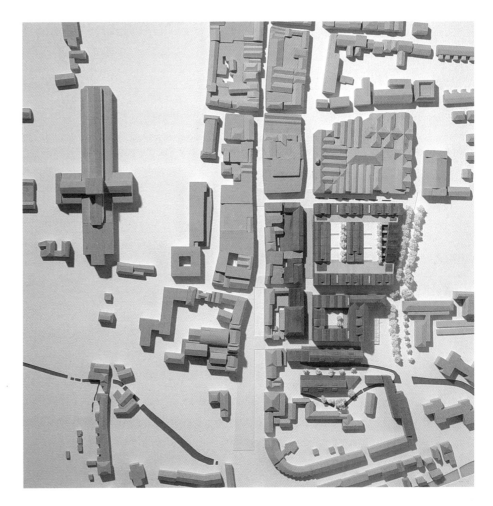

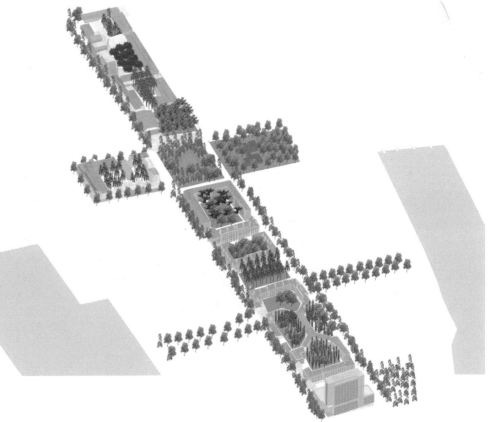

拼贴与照片合成

一系列图像用于描述一处滨水项目的透视图，其最终图像是在 Photoshop 里创作的，并且包含现有地区的照片，一个三维 CAD 投标理念和人物的模型，以显示尺度关系。

拼贴技术是表现城市的一种有效方法，给图像以层次，以探索最终概念或表示街景和活动，十分有效。

拼贴开始时，作为一种技巧，就是把图片切下，并将它们彼此分层叠放。该词来自法语 Coller，即胶水黏住，或粘贴。最初采用拼贴的艺术家们把图像从报纸和其他媒体上剪下来，而创作新的表现日常生活情节的作品，而现在则可以用不同的软件来做，也就是说，一个场地可以拍摄下来，而在另一个软件中创作的图像可以覆盖其上，或者一个方案或投标的模型的数码图像可以插进来，以赋予一种概念以现实主义的印象。

照片合成可以利用数码图像或被整合到最终图像的实物模型的照片，把场地照片和投标方案结合起来。这种技巧可以使街景或方案的透视图看下来更加逼真。

这类图像对理解街道空间将如何使用很重要。它传递了一种方案的背景信息以及设计如何在体量、规模、材料和形式上同那个背景相联系。

拼贴是描述城市投标方案的一种基本方法，而且对一种理念能创造出令人信服的印象。

左图

这张图片的前景和背景都采用了不同的材质，以便给构图带来真实感。

下图

由尼尔·纳德（Niall Bird）为希尔西·利多（Hilsea Lido）改造项目的投标方案而完成的这种直观技法，由一系列图片组成。此图包含分层照片、电脑生成的概念和人物以及气球以示活动情况。

CAD 图像与建模

下图
由詹姆斯·西蒙画廊（James Simon Gallery）的影像工作室（Imaging Atelier）制作的这一视觉效果图，要在柏林由戴维·奇珀菲尔德建筑师事务所承建，此图显示画廊和其附近城市环境的关联。

　　利用数字绘图技术，可以建造数字城市，这种技术可让城市以三维方式加以研究探索，即在街面、在鸟瞰层面或者在任何视点之间。

　　设计师、城市设计师和建筑师们所使用表现城市和建筑物的软件从价格上说大不相同，有些软件和数字地图在网上连接是可行的，这些地图可以被输进不同的软件包，然后被用作绘图或电脑建模的基础。

　　各种软件包，可以用于创造能够如飞越序列或电影被体验似的三维环境。这些软件让城市环境表现得和实际存在一样，并且建议用于引入模型中，以了解方案或理念在规模和形式上对其环境的影响。对全新的城市项目来说，CAD 模型可以创造一种虚拟环境，这种环境可以在街面上或者从高处被质疑。

对页上图
由影像工作室完成的一张数码渲染图，显示了从河下游看到由戴维·奇珀菲尔德建筑师事务所建起的詹姆斯·西蒙画廊的景色。

对页下图
影像工作室为英国马格特的特纳当代视觉艺术中心所作的数码图像，系戴维·奇珀菲尔德建筑师事务所完成。

城市的数字绘图已被"谷歌地球"软件改造，这个软件创造了一种来自航空摄影、地理信息系统（GIS）数据和卫星图像的全球互动地图。它允许以各种比例复制，而且可以用于创绘透视图。这一工具可以和其他软件并用，以叠加各种可能的方案，或作为二维平面图，或以三维形式，创作体块模型，置于现有的地图信息之上。

GIS（地理信息系统）软件用于处理城市信息，而且可以模拟各种命题，它可以创作城市的数据模型，这些可不是实物模型，而是真实世界的抽象化，对利用一组数据客体提供各种分析的真实世界的抽象物。

SketchUp 软件可以同时与"谷歌地球"并用，它是一种三维建模工具，可以用于创建场地或方案的体块布局模型。

CityCAD 可以让速写图或图解发展成一种三维 CAD 模型，以识别建筑类型、体量和景观。由同一家公司生产的 Streetscape 软件，是一种街道设计的工具，它可让使用者做出街道的一部分，也有助于对停车场地、在街上高度／宽度比例以及潜在的阴影区的影响的理解。它还能同其他软件连接，因此绘图文档可以被移入程序并要特别考虑有关街景概念的重要性。

在诺丁汉为历史上著名的拉斯市场（Lace Market）区的"矮山"（Short Hill）住宅开发项目，Re-Format 建筑师事务所创作了这幅三维 CAD 体块模型，计划的住宅开发区用白色来凸显，而周围环境则用灰色。

软件包如 AutoCAD 和 ArchiCAD 能够创作二维图和三维模型。它们可以用来同地图绘制系统如"谷歌地球"相连接，后者可按任何比例绘制地图。

渲染包是软件程序，用于修饰绘图和图像，运用色彩色调、纹理和阴影，使提案或计划更加逼真。

由 Autodesk 生产的 Rhino，能够创作、编辑、分析、引用、渲染和激活图像和数据。它还提供建模和准确地为设计提供文件等手段，这样，它们随时准备好用于渲染、动画、处理、画图、工程、分析和制造或建造。

Maya 也是由 Autodesk 研制的，是一种三维建模、动漫、视觉效果以及渲染软件，它能创造出质地、材料和空间印象极其真实的像照片似的效果。

Adobe Illustrator 则能处理数码图像，并用于插图和排版，利用从各种媒体、图纸、照片和地图获得的信息，制作组织精良、印象逼真的图像。

由城市远景网络公司（City Vision Networks Ltd。）制作的一个南安普敦数字城市模型。此图表现了由帕特尔·泰勒建筑师事务所（Patel Taylor architects）设计的方案的特点（图中右上方用白色强调的）。

Adobe 公司推出一套集成的软件产品（即创造性系列），包括 Photoshop，这是一个专门为图像编辑而设计的程序，它对专业人员和业余摄影爱好者以及图片设计人员都很理想，它可使图像易于处理。它可以按高标准用于编辑图片，并可把它们从别的软件平台上输进来，包括专门效果，例如背景和纹理，常用于电视和电影以及二维图像和表现图。

空间句法（Space Syntax）是一种由比尔·希勒开发的技术，它用于分析建筑和城市，它立足于说明空间布局在形成人类行为模式的作用，其中包括行人的活动、购物、居家体验和工作环境（见 72 页说明）。

由城市远景网络公司制作的摩纳哥 CAD 模型。此模型互为影响，让方案插入，并在动态环境里观察。

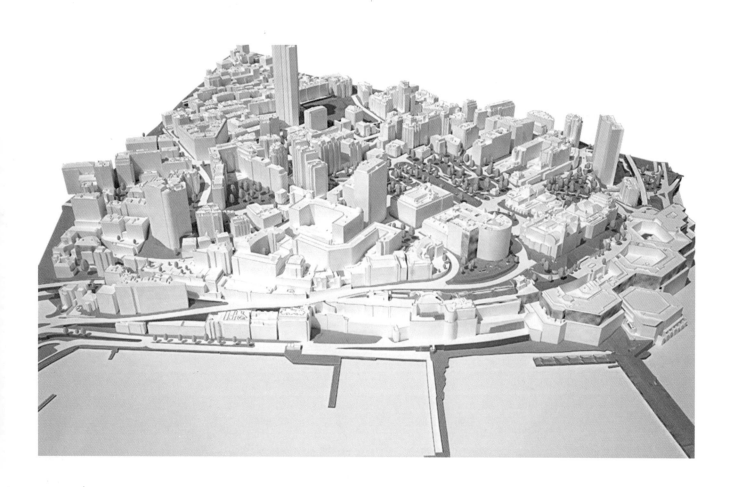

步骤分解：完善三维模型

　　一个城市或建筑的三维 CAD 模型，开始作为一种框架，然后在图像上加以发展，以表示更多的细部，这可以通过引入阴影来完成，在模型里，接下去是材质和细部。图像也可以用 Photoshop 合并到现有背景的数码照片中。

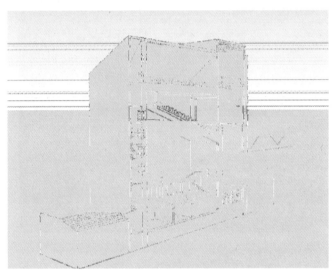

1 用三维建模软件建模，在此例中，用的是 SketchuUp。

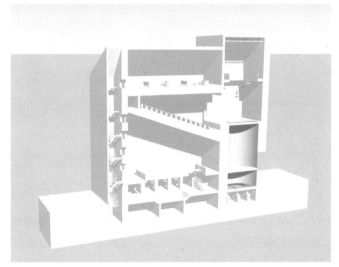

2 在你的三维建模软件中擦掉线条而投上阴影，这将给出更清晰的图像，以便输出到 Photoshop 加以完善。

3 把模型输出到 Photoshop 作为一种 JPEG 文件。在 Photoshop 中添加和调整纹理，最后，调整纹理的透明度，增加阴影曲线，给图像以层次感。

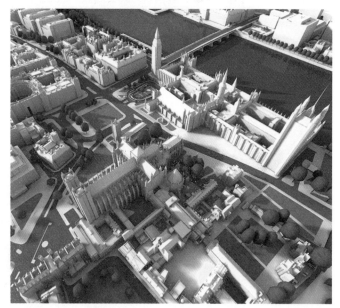

上图和对页图

上面这些图像显示伦敦的三维电脑模型的一部分，由 Zmapping 公司采用专门软件生成的，模型互为影响，投标的方案可以置放于模型之中，视图可以从任何层面或高度上生成，因此，比如说，模型似乎可以从空中或从街面上观看。

有一些制作互动的三维模型的公司，这些模型可以被许多软件利用，以创作城市环境的模拟图像，Zmapping就是一家这样的公司，它制作三维电脑模型城市景观，从小片地区到整个城市环境。模型可以显示地理特征，如地势或地表，以对城市做出详细诠释。模型然后又可用作背景，对照它，去为可行的概念做模型，或者去创作动画式飞越或透视图。它可以让设计师去检验计划的建筑物对当地的影响，从布局和形态效果到建筑物对沿街远景或整个天际线的影响。

基本信息是从航空照片中收集的，然后和军事测量地图相联系，以制作细部模型，这种制模技术可以借助不同的软件程序来运用，包括 Maya，Vectorworks，AutoCAD，MicroStation，ArchiCAD 和 SketchUp。

还有一些模型的三维变种形式，它们相互作用，旨在让观察者在模型环境中穿过和漫游。

制作实物模型

作为朴茨茅斯建筑学院欧洲城市工作室（European City Studio）的设计草图一部分，这个鹿特丹模型变为展示在网格状布局上的一套方案。模型被拍成黑白照片，以增强对比度。

用于城市设计的表现模型，在认识和开发城市中是重要的工具。许多城市都有城市模型作为展览，以激励开发商和投资人，了解城市的前景和未来的发展。城市模型惯常以大比例制作：1∶1500 或 1∶1000，它们有着互换的主题，新的理念让开发商检验并在更广泛的城市背景中观察。

模型是作为设计城市或城市环境过程的一部分而制作的。大型的总体规划项目，可以制作模型，用于展览，以展示方案的总体理念，这种类型的实物模型也许很大，需要强有力地传递方案或提议对其环境的影响。这些模型可以设计成从某个特定的视点来观察或者高于视平线，或者在视平线上，以便让观察者解读城市理念的全貌。

模型可以从连接实物制模机的数字文件中生产，电脑数字控制（CNC）铣床将把从一个 CAD 模型的信息转化成一个实物模型。

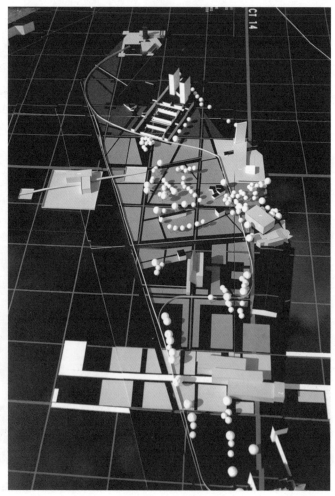

步骤分解：制作实物模型

实物模型可以按比例制作，或者对一个地方的抽象诠释。制作比例模型时，制模者将从一张地图或场地平面图开始，这种图将提供地形或地表的高度，这是进一步制作模型细部很好的依据，从这里，制模者就可以引入建筑物的层次、空间和场地。

1 把地理地图的等高线描到绘图纸上，用剪子或小刀把描图纸切下来。

2 把描图放在多个纸板上并绕着它切割，这样你就获得在卡片上的系列等高线。

3 开始组合卡片。按照原来的平面图，每条等高线应该升高或降低，通过利用剩下的卡片切块，在每一具体切片下垫衬以达到你要求的厚度。

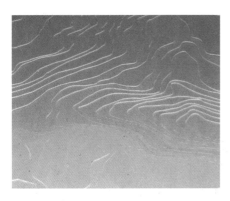 

4 你的作品应该开始像一个三维地理模型，如此图所示。

5 基本模型完成后，进行最后整修，你也许考虑涂漆一下模型，或者添加纹理，或用建筑物和符合比例的物件使之形象化。

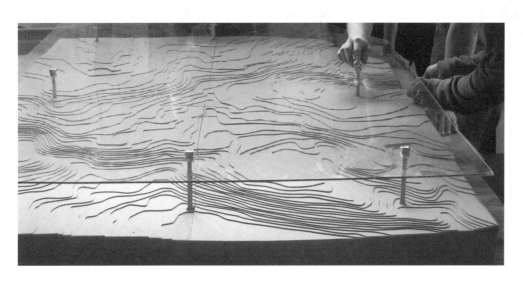

6 最后在你的模型上方加上透明塑胶（或相同的透明材料），可用螺栓支撑，以便同模型隔开，这将保证模型不被损坏或弄脏。

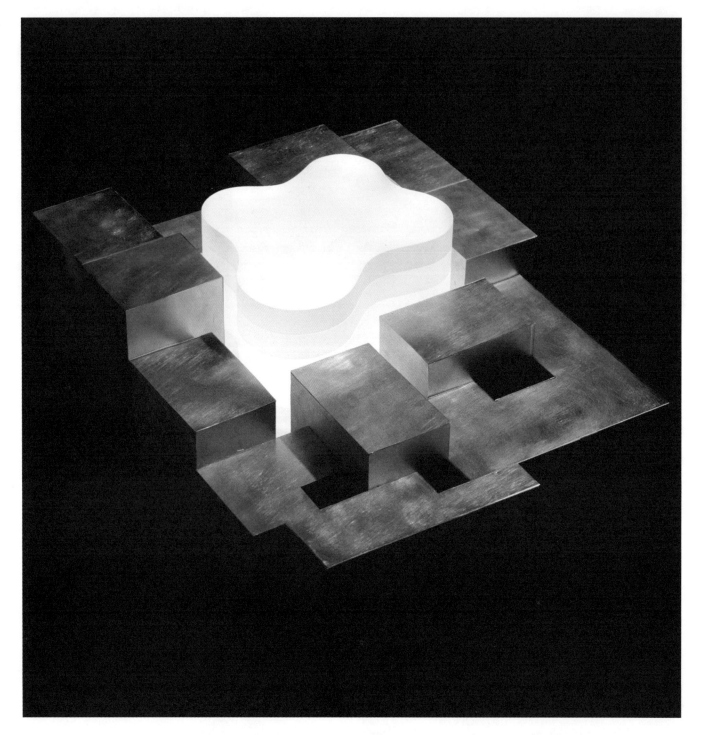

上图
这个由戴维·奇珀菲尔德建筑师事务所为米兰安萨尔多文化城设计的模型,以解释投标的概念,并且使用了对比性材料以描述理念。中央的基本形态,用轻质的、半透明材料制模,而周围的几何形元素则用金属制模,以夸张形态的对比度。

对页图
这个由欧洲城市工作室设计的鹿特丹模型,也可能被看做一种浮雕式地图。它描绘了该城的一大部分,用一片软木做成,这些薄片精心切制,以显示后面的底板。

激光切割机可用于切割大块木料，丙烯酸树脂板或其他板材。

这些模型的一个主要特点是它们可让人们了解城市的整个环境：比例关系、布局和城内外联通方式都能容易了解，并且有助于传递方案发展的信息。

和实物模型一道，许多城市开发中心都有把设计理念表现为虚拟经历的数字模型，投标方案可以和这些数字模型连接，以显示对提案的印象。实物模型和 CAD 模型一起提供为城市有用的概述。

城市方案的最终表现模型必须包含环境背景，有些方案也许需要表明整个城市的关联，就如规划总图涉及交通运输基础设施或地形特征。城市模型可以成为一种景观的艺术处理，比如，一张 1：2500 比例的地图很少有建筑形式释义。

随着模型尺度的增大，细部也增大，这就给区分特征和形态提供了可能性。在制作开始前，模型的关键和目的必须明确定下来。

一个表现模型可以利用技巧来显示城市主要方面的特征，可以有效地利用光照以强调城市开发中某个独特场地或某些主要场地。

总体规划方案

总体规划方案

案例研究：历史名城的新区
西班牙塞哥维亚艺术和技术区，戴维·奇珀菲尔德建筑师事务所设计

项目总面积	120000 平方米
业　　主	塞哥维亚市政厅
设计建筑师	戴维·奇珀菲尔德建筑师事务所——乔治·巴特泽斯、丹尼尔·布卢姆、戴维·奇珀菲尔德、特伦特·戴维斯、伊娃·芬克、马赛厄斯·希伯尔、安德鲁·菲利普斯、莫妮卡·雷赛恩斯、佩德·斯卡夫兰、尼科·沃尔弗罗姆
结构工程师	亚当斯·卡拉·泰勒

西班牙塞哥维亚的新艺术和技术区总体规划，包括一个会议中心、一个艺术博物馆、一个技术中心、一个旅馆和业务孵化器写字楼。其总面积达到 120000 多平方米。

由 8 世纪围墙包围的塞哥维亚旧城是联合国教科文组织（UNESCO）确定的世界遗产，引人注目地坐落在马德里北面，它有着大量的历史纪念物，该城被推荐为 2016 年"欧洲文化之都"。

在离市中心 1 公里处，和主干道及高速铁路网相连。新区受到老城的围墙、广场、狭窄而不规则的街道及城堡的启发，彻底改造了低而密的平面，在项目中心部位一连三个广场，确立了熟知的公共特征和发展关键。新的市政建筑是规划的基础，每一处都有连绵遮阳的拱廊面对着公共空间。内部通过遮阳屏立面，而挡住了猛烈的西班牙阳光。总体规划在城市设计手法上，保证了连续性，向老城学习，但又体现了必不可少的进步和发展，这一点在新城建筑中清晰可见。

塞哥维亚市长对规划大加赞赏，特别是对城市新的公共空间做出的贡献。从国际竞赛中评选出来的方案，专家评审团说，这个项目"显示了把可贵的敏感结合进环境和周围的事物。"

该方案源自一张概念草图，它把方案描述为密集的城市楼房，看似让空间被插进来的。这一点是通过各种图设计而加以描述的。它也以有力的形式被实物建模。概念建立在对塞哥维亚主要城市空间理解的基础上，并且包含了系列相互连通的空间，而这些空间又和项目的主要活动相联系：会议中心、旅馆和科技单位。

该项目位于市中心外面，但又紧靠新火车站，这儿以快速服务把塞哥维亚同马德里相连，项目旨在起催化剂的作用，推动城市革新。新的城市总体规划是再开发邻近地区的一种更大的策略。

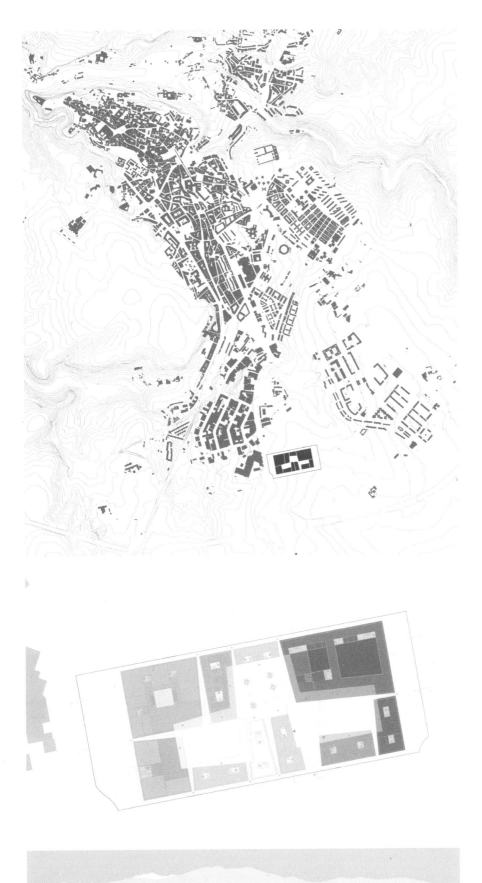

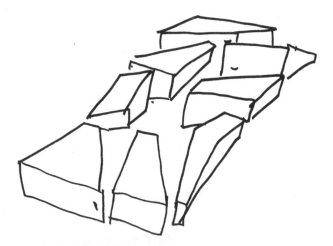

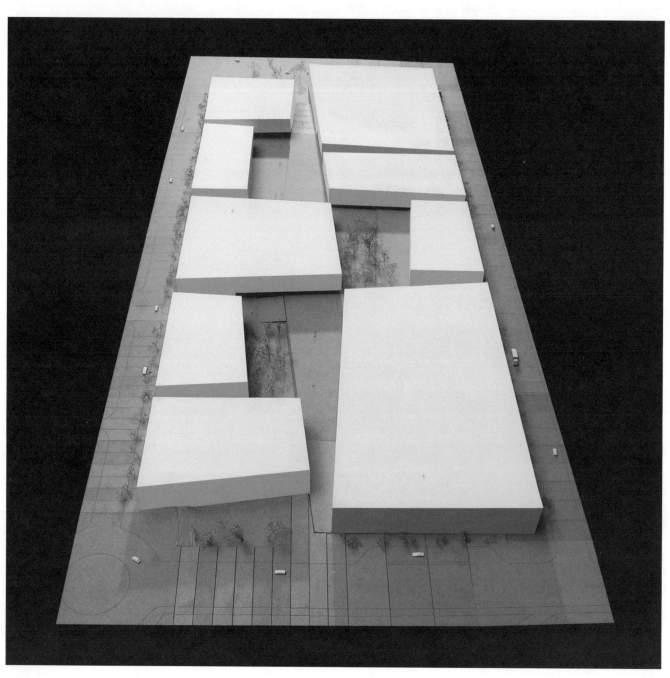

左图
简单的草图描述总体规划的概念。

下图
体块模型的俯视图显示三个相关联的
庭院空间。

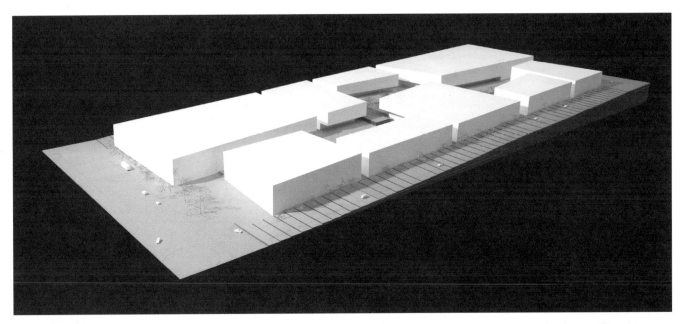

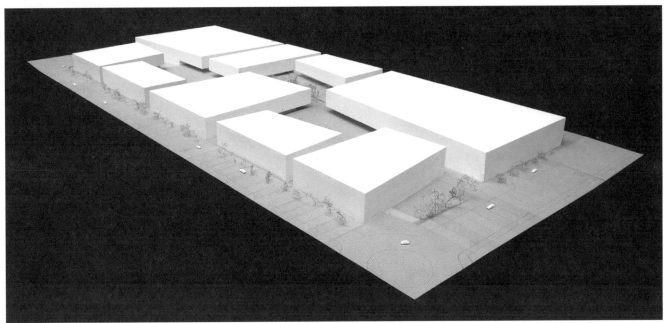

顶图
体块模型图，显示了方案在入口处要
创造的公共空间（图像左下）。

上图
从对面角度看到的体块模型。

案例研究：未来城市

荷兰阿尔梅勒 2030 远景，MVRDV 建筑师事务所设计

业 主	阿尔梅勒市
建筑师	MVRDV 建筑师事务所

荷兰人在拦海造地方面是专家，这随之带来潜在的新城市，其中之一就是阿尔梅勒，它创建于 1984 年，并且着手要成为荷兰第五个最大的城市。MVRDV 是该城 2030 远景的总体规划师，这个项目，包括整个阿尔梅勒和在周围地区的未来开发，也包含了奥林匹亚区，一个 2007 年由梅卡努建筑师事务所的总体规划的市区。MVRDV 的雅各布·范里杰斯一直在奥林匹亚区部分地方工作——2008 年以后该区将包含 220000m² 并拥有公共设施的综合用途的开发项目。MVRDV 在奥林匹亚区的开发项目的一半建筑物，将由来自欧洲、日本和美国 24 个不同的建筑事务所设计，每个选定的单位设计两处不同的建筑，从 500 ~ 5000m² 不等，而剩下的一半将由 MVRDV 来设计。建筑师的挑选包含各个团组，从年轻的概

念性强的开业者到更著名的一流建筑师，旨在创造真正的多样性。这些项目将在 MVRDV 和 Stadgenoot（联合业主）的共同指导下由经验丰富的建筑公司来实现。

到 2030 年，阿尔梅勒可望发展为一个有较强特征和 35 万居民的城市，这就需要有供 6 万家庭居住的建筑——由市协办——和为 16.5 万新居民创造 10 万个工作机会。

2030 远景规划标志 MVRDV 和该市之间的合作，设计概念性方案，以适应这种成长和发展。这种成长将在四个主要地区显现：阿尔梅勒 IJ 地段，一个在 IJ 湖中的新岛；阿尔梅勒帕姆帕斯，集中在湖边的居民小区和向实验性住宅开放；阿尔梅勒中心，一个扩展的围绕威水湖的城市中心，以及沃斯特沃尔德，一个更像乡村和接近自然的城区。合在一起，这

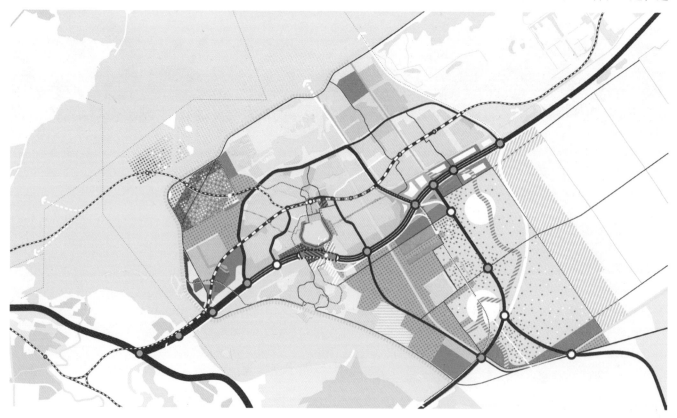

些方案形成了直至 2030 年将决定该市发展的框架。I J 地段的设计一直是"西 8"的阿德里安·高斯与麦克多诺和合伙人公司的威廉·麦克多诺间的合作项目，阿尔梅勒的概念不只是一个城市总体规划，它有可能发展成一个生态的、社会的和经济上可持续发展的城市。

轴线

如今，阿尔梅勒已是一个拥有 18.5 万人口的城市，但是 30 年前，它还是空空的一片从海里开发出来的土地，这种发展将保持下去，并进一步扩展阿尔梅勒的多核心城市的榜样作用，它将通过增加不同密度、项目和特色从而使现在的城市多元化发展。

远景方案包含四个主要开发地区，并各有自己的特征、理念和特色，这些新开发区通过一条基本轴线而连接起来，而这条轴线又把阿姆斯特丹首都地区同阿尔梅勒相联系。从经济、文化上说，被称之为阿尔梅勒 I J 地段的这个岛，实际上也就是这两个城市间的联络点。这条轴线然后通向阿尔梅勒帕姆帕斯，即阿尔梅勒的中心，东面是沃斯特沃尔德，而且在将来会延伸到乌得勒支。

阿尔梅勒 I J 地段

和"西 8"的阿德里安·高斯及威廉·麦克多诺公司一起，MVRDV 致力于设计一系列城市和自然保护岛，主要目标是改善 I J 湖的水质，这是一项紧迫优先的任务。有了新铁路连接阿姆斯特丹，这也有可能提供 5000 到 10000 套家居房，并和自然开发区结合起来。I J 地段在一个天然的水边环境里，把生态和基础设施建设和供居住、工作和娱乐的设施协调一致。该岛在将来还可能举

对页图
由 MVRDV 设计的规划总图显示奥林匹亚区和"远景 2030"开发项目的四个主要地区。

下图
电脑渲染的空中透视图显示了 I J 地段的地理环境。

底图
电脑渲染的空中透视图显示奥林匹亚地区，MVRDV 设计的总体规划的一部分用白色圈起来。

上图

这幅电脑渲染的空中透视图，描绘了总体规划中的景观方案。

对页图

电脑生成的阿尔梅勒帕姆帕斯的空中视图，一个关注湖泊并欢迎实验性住宅开发的居民小区。

下页图

现有场地的航拍照片，被用来创作方案中的电脑生成的白天的景象。

办专门的项目，例如，荷兰如果能够成功申办 2028 年奥运会，它将作为赛场一部分。

阿尔梅勒　帕姆帕斯

这一地区将既有海边城镇情调，又能容纳 20000 户家居，阿尔梅勒帕姆帕斯所有的街道都将通向湖边的林荫大道。现在的维修码头将被重新使用，作为休闲和浮动村庄，而且将会有新的火车站外带湖边广场。

阿尔梅勒中心

现有的中心将继续发展，一直延伸到威水湖南岸，把湖中央变成威水公园，而且最终成为该市的文化和经济中心。在新轴线的接合点——高速公路和铁路交汇处——高速公路将被覆盖，以便实现邻近多达 5000 套住宅、写字楼和公共设施的开发项目。中央车站将发展成一个经济枢纽，并有新的工程环绕它。

阿尔梅勒　沃斯特沃德

在东面，这一大片地区提供多达 1.8 万户新住房和各种功能的用地，如商业和零售中心。它将根据个人和集体要求来开发，规模或大或小，并且总是有绿地、城市农业或本地公园围绕，该区还将包含供 2030 年以后未来开发的场地。

未来展望

"2030 远景"不是蓝图，而是一种灵活的发展策略。阿尔梅勒市议员阿德里·杜伊维斯特津解释说："它是一个框架，可由市民来填充，通过保持灵活性，我们为调整各种计划创造了可能性，以适应未来的机遇。"阿尔梅勒要按这个远景发展，以实现成为一个生态的、社会的和经济上可持续发展的城市的目标。需要大量基础设施的投资，把城市和预期总计 35 万居民同周边环境及首都阿姆斯特丹联系起来。

MVRDV 的威尼·马斯将以指导人的身份一直参与进一步的概念发展，这种实践，有着很长的接触阿尔梅勒的历史，较早的项目包括为阿尔梅勒霍特和阿尔梅勒霍默腊斯克沃蒂尔的两个创新有机的城市开发设计方案，一个为 A6 林荫大道设计方案以及为帕姆帕斯港口 500 套浮动住所的居民小区设计方案。

MVRDV 将成为 6 万 m^2 的工作区、12 万 m^2（1000 户）的住宅、1.5 万 m^2 教育区、2000m^2 的商业区、2640 个停车场和各种公共空间的总体规划者。这些总面积归纳为 93 处体量，其中 MVRDV 将设计 45 处。

这个规划要求单个建筑开发区：一个稠密的居住和工作综合区形成的复杂的城市建筑。零售区、公共广场和公园也是综合规划的一部分，它把城内生活引入到阿尔梅勒郊区。灵活性是个主要目标：所有底层和部分办公以及公寓建筑的设计，方便于未来的用途变化。这样，业主斯塔特吉努特就逐步使建成环境适应发展的新城和其居民的需要。

这个宏伟的项目有可能成为在城市规划中的里程碑。许多城市方案建议在形式上或解决独立住宅问题上可以说是创新性的，而这一个却有着明显的不可分割的总体规划：旨在创建一个未来的可持续发展的城市。

Adobe Photoshop 和 3ds Max 软件用于生成此处显示的图像，其他软件则用于设计，包括 AutoCAD、Rhino、form Z 和 Adobe Creative Suite 包。

对页图
夜间总体规划鸟瞰图，显示方案的中心照亮区。

下图
投标方案中电脑渲染的街景透视图。

案例研究：生态城市
西班牙洛格罗尼奥蒙特科尔沃生态城，MVRDV 建筑师事务所设计

项目总面积	61 公顷
业　　主	西班牙里奥哈政府 LMB 协会，Grupo Progea
建 筑 师	MVRDV 和 GRAS
环境工程师	Arup

西班牙省政府和里奥哈社区为洛格罗尼奥的扩建举办了设计竞赛（MVRDV 建筑师事务所获胜）。

由 MVRDV 和 GRAS 合作设计的生态城，预期建设 3000 套社会家居和一个相配套的开发计划，新的居民小区将通过就地生产再生能源，而取得一种碳—中和处足迹（carbon-neutral footprint）。

61 公顷场地，就在洛格罗尼奥北面蒙特科尔沃和拉丰萨拉达两个小山上，可以提供综观全市和朝南的斜坡的景色，总体规划的建成区以紧凑的方式设计的，只占场地的 10%：线形的城市开发区，蜿蜒通过其地形，使每个公寓都能欣赏城市景观。运动设施、零售店、餐馆、基础设施以及公共和私家花园也列为规划的一部分。

其余景观就变成了一个生态公园：一种公园和能源生产设施的综合利用。由于坡地朝南，很容易生产太阳能，壁挂式光伏电池板布满山头，金光闪闪地覆盖了小山。在两山的顶部，风力发电机为新的住宅生产了部分所需能源，同时也是开发区的地标。所有需要的能源都是由太阳能和风能共同就地生产的，废水回流和当地天然水净化是该规划的一部分，这就把密集的城市生活同真正的生态改善结合起来，所有这些措施将使新开发区能达到最高等级的西班牙能源效率标准。

通过建筑尽可能紧凑化（根据小山高度线），建筑成本就最低化。规划的下一步就是建设钢索铁道（一种纵向的铁道系统），进入博物馆，而观察点就隐藏在蒙特科尔沃山顶上，这儿也驻有一个研究和推广再生能源效率的技术中心。就地生产清洁能源和高质量建筑将使该市每年减少 6000 吨二氧化碳的排放量。

对项目总投资 3.88 亿欧元中，0.4 亿欧元将投在再生能源技术上，预定 2015 年完成。

对页图
电脑生成的透视图显示沿公园一带的
活动。

右图
总体规划图显示在较大的绿化场地的
线性开发区。

下图
电脑渲染，描绘了建筑物附近景观优美的娱乐空间。

上图和对页图
计划的主要部分涉及利用周围的景观以创造再生能源，以支持方案。

上图

生态城的透视渲染。通过密集建筑而取得的土地，将成为一个生态公园，在这儿能源生产将被融合到景观之中。

对页图

方案中的电脑生成的体块和地形图。前景中可见一系列太阳能吸收板。

案例研究：改建社区
美国纽约州罗卡韦半岛东阿韦尼，HOK 建筑师事务所设计

项目总面积	19 公顷
业　　主	东阿韦尼开发公司 LLC
建　筑　师	HOK 建筑师事务所

阿韦尼是位于罗卡韦半岛上的纽约市昆斯区的一个居民小区，它最初由雷明顿·维纳姆开发，他的签名 "R·维纳姆" 引发了这个地区的名字。阿韦尼沿主干道海峡路从海滨第 56 街延伸到海滨第 79 街，这个地区闲置了好多年，现今正在复兴，作为阿韦尼城市复兴项目的一部分。这是一个中层建筑的开发项目，以协调沿滨水区的邻近场地上的中低层建筑。

计划中的阿韦尼开发，将是一个生机盎然的综合用途的居民小区，有着 46452m²（50 万平方英尺）的商业区，提供零售、娱乐、咖啡馆和餐馆、社区服务、医疗、教育、运动和健身设施。它将有宽广的各种社区公园和公共空间，用作娱乐、林荫道和环行路、运动场、袖珍公园以及保护区。还有大量综合用途的住房及小区，以供最广泛的居家选择，从工作室公寓到老年住宅。重要的是，设计的 1600 个住宅单元的一半以上将符合经济性住房。总体规划从海滨环境的柔和舒适中得到启发，通过一直利用本地的建筑和景观材料，而得到进一步发挥。项目将立足于可持续发展技术和转变设计方向的原则，让社区生活和工作和谐一致，而且容易和纽约其他区域相通。

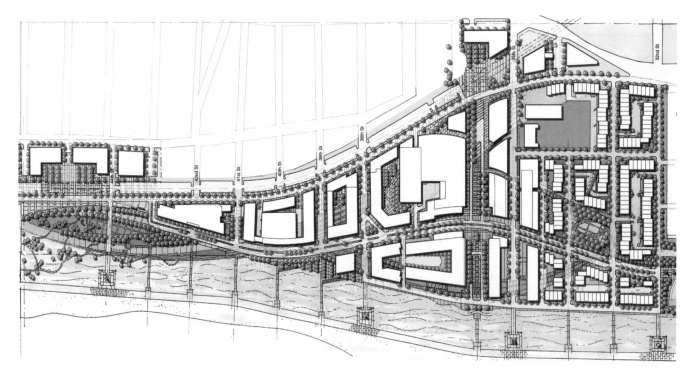

开发项目的总平面示意图显示出计划中的景观布置、住宅、休闲和商业空间。

上图
东邻里小区公园的景观透视草图。

顶图
鸟瞰透视轴测草图显示在滨海背景
下的总体规划。

上图
海滨保留区的透视图，远处是公寓楼。

右图
电脑生成的城镇广场街景。

新开发区预期是通向海洋的出入口和连接周边社区。设计创造了强有力的具体可见的同滨水区的联系，并且以街道网格为框架，建立切实可行的可持续发展的社区。东阿韦尼包括一个绕地铁站的市镇广场，并有零售店与奥尔索斯保健和运动中心。

奥尔索斯将提供运动场地和为水边设计的活动区域。现有的穿过城市的道路将扩增为系列开放性空间，这些空间创造了一个滨海区公共领域，在那儿，能源效率将高度优先。

艺术家的渲染手法被用来加深对各种活动的印象，而这些活动又是建议的一部分，以显示街景。这些图像很像水彩写生画。表现图的处理手法使人们更容易解读方案。绘图在建筑和公共空间中显示柔和性，而建筑和景观及公共空间的关系又恰到好处地被描述出来，这些图像乃是城市设计和建筑公司柯蒂斯·金斯伯格和HOK建筑师事务所共同准备的。

案例研究：新亚洲城
中国临港新城，冯·格康·马尔格与合伙人设计

项目总面积	74 平方公里
业　　主	上海港口城市开发（集团）有限公司 / 包铁明
建 筑 师	gmp（冯·格康·马尔格与合伙人）
设 计 师	米恩哈德·冯·格康

尽管快节奏工作和特大规模，并在经济和文化上做出贡献，德国的冯·格康·马尔格及合伙人公司（gmp）还是接受并解决了现代中国提出的规划和建筑上的挑战，在过去几年里，从事了200多个设计项目。

现时的中国社会转变，包括农民涌入大城市和乡村地区日益工业化的巨大压力，使之必要为未来规划所有的城市。gmp设计的邻近上海的临港新城就是一个有80万居民的全新港口城市。这个"理想之城"的中心点就是一个圆形湖，周围不同的市区成环形排列，就像石子投入水中向外激起的层层涟漪。

临港将成为冯·格康理念的最大实验室。为了回应中心商业区常为密集刻板乏味的大楼的局面（因为只有最保守的机构如银行和保险公司才能付得起高价的中心地带的房地产），临港则绕一个巨大的固定空间布局：一个人造湖。

辐射性几何图形包括一个湖滨浴场和在最内环的12个公共广场，离边界约500m的一个环形轻轨和只供行人和骑车人用的狭窄的内城道路。这种布局就保证了开放空间、新鲜空气和人类体力活动而不是惯常的商业和车辆拥挤主宰市中心。

像华盛顿、巴西利亚、昌迪加

上图
电脑生成的湖边漫步透视图

对页图
着色的总体规划图表示将给市民提供的大量景观空间。

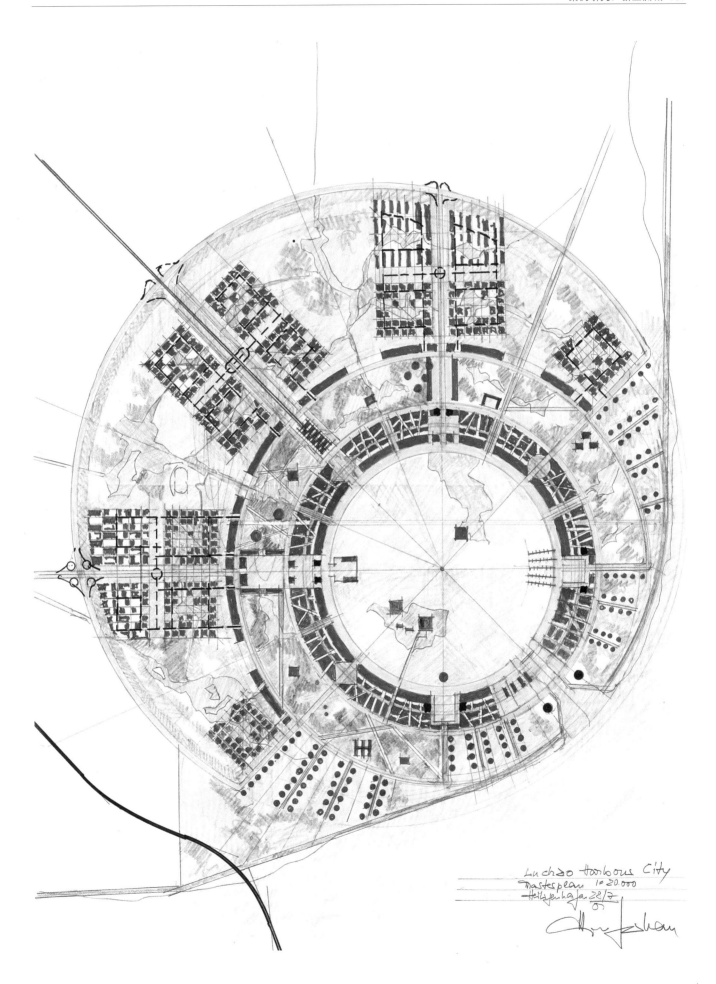

Luchao Harbour City
Masterplan 1=20.000
Heilyenhaja 22/7
05

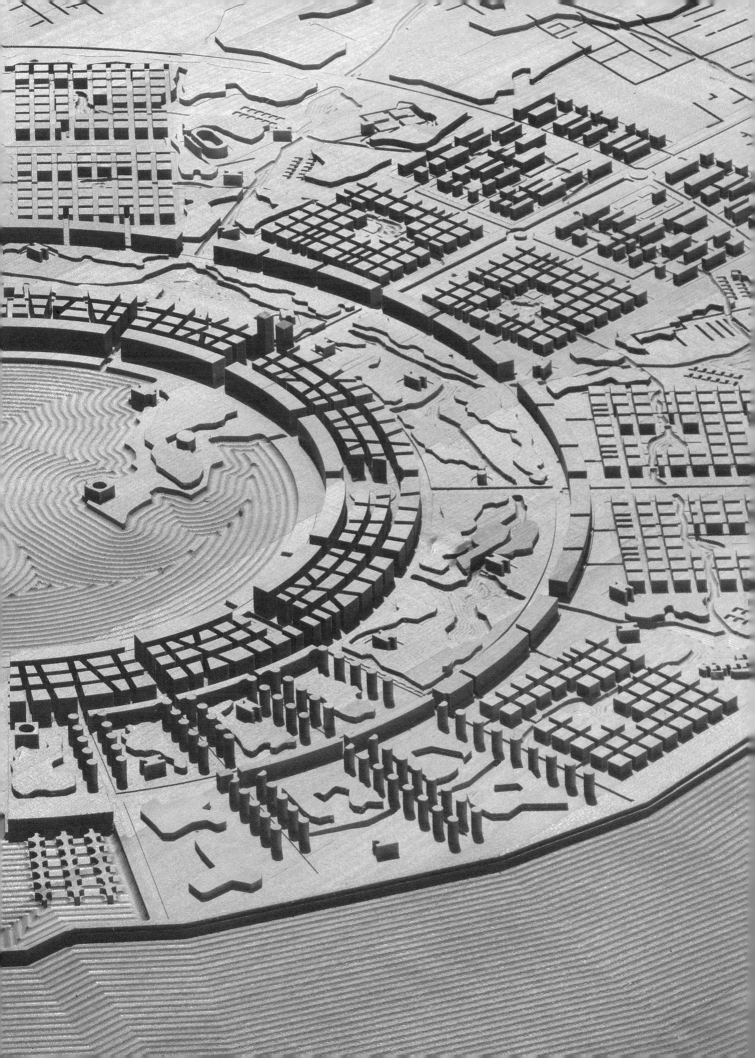

前页图
城市方案模型的鸟瞰图。

右图
中央同心环方案的部分细部地图，显示了公共空间、公园和行人及自行车道路网络。

下图
电脑渲染的照片合成，显示方案中在湖边的活动情况。

尔和堪培拉一样，临港开始像一张白纸，通过运用基本的几何图形去组编它，但和规划城市不一样：日常生活服从理论概念。临港的抽象化旨在权衡冯·格康称之为一个理想城市的三要素：工作、生活和休闲。历经时日，这个城市是否成功，基本上将取决于其官员们寻求控制同城市生活不可分离的混乱无序的力度。

冯·格康解释说，"我的想法是，概念越合理，你就越能掌控你的主要理念，你越放任自流，你制造的混乱越多。如果你放眼看看全中国，没有任何一个城市有着合理的旨在创造一个人文环境的系统。"把临港作为第一个这样的城市，他坦率地承认它的实验性质。

通常，gmp根据各个项目的背景资料，创造出一个主要比喻，对临港样例而言，这个比喻就是"天降玉琼"，作为该市的结构，同心圆向外扩散的波纹的例证；此外，把该市的航海博物馆比作风帆；把重庆的大剧院比作轮船。冯·格康发现，设计从字面上解释这些比喻具有强大的认可力，他承认，"我们在欧洲从不这样做，但在中国，整个语言基于各种形象，它们非常适合比喻"，而且以视觉或叙事形式进行交流。

2020年建成时，临港新城将容纳80万人，给上海提供机遇，接纳一部分迅速增长的人口，并充当冯·格康的城市设计和交通的高度合理化概念的试验平台。

对页上图
电脑生成的透视图描述了建筑开发区的楼房布局。

对页下图
电脑生成的透视渲染图所显示的街景，描述出相对于居民的建筑物的尺度。

电脑生成的临港滨水区夜景。

案例研究：极端环境中的可持续发展
约旦死海开发区，大都市工作室设计

项目总面积	375 平方公里
业　　主	安曼城市工作室
项目团队	大都市工作室，WSP，格罗斯·马克斯，城市合作社

　　大都市工作室在脆弱多变的场地背景下，有良好的设计大型综合的城市项目的实践记录，该单位以听取和参与各类建筑而闻名遐迩。在他们所有的设计工作中弥漫的影响力，来自对环境背景的细致分析，因此工作从场地独特的社会、经济和历史联系以及从直接用户中，获得了同一性。各个建筑的美观和特征是独有的，也源自这些一丝不苟的分析。

　　本项目位于约旦的死海，为了满足在其地区内成长发展的要求和增进多样化和强大的经济，这个国家正在承受巨大的压力。有鉴于此，规划研究为全国性的复兴和城市扩展计划制定了创新策略。约旦河谷的死海地区，作为一个新经济的发动机，在全国性规划的范畴里起着潜在的重大作用。本案例研究的主要目的是考证该地区潜在可能性和以创造性的、可持续发展的各种方式开发利用它，以造福未来的几代人，而且旨在让该地区成为死海保护区。

　　死海靠近首都安曼，加上本身固有的特质，结合起来可以创建一个有吸引力的地区，这个地区是一个天然的卫星城，为城市需要和连接国际市场服务。死海地区的现时发展是以旅游业为基础，而且它有三方面的吸引力——天然日光疗养、咸盐和温泉旅馆；宗教区包括三种亚伯拉罕信仰；一种惊人的专注来世的景象。吸引力是全年性的，其旺

上图
死海卫星地图，显示浅盐湖（右）和其左边的利桑半岛。

对页上图
电脑生成的去安曼公路上等高线为0处的定居点方案。

对页下图
电脑生成的鸟瞰图，显示位于死海北端的萨韦梅小镇方案。

季是较凉爽的冬季月份，那时死海受到来自海湾地区的游客的青睐，投资者和经营者已经成功地受到鼓舞而在这儿寻找新的机遇。

这些开发项目标志重点扩大旅游设施的开始，以适应未来20年旅馆床位从3000~25000个的增长需求。发展依赖可靠而又能持续的主要资源水平，而且富有活力的发展模式也要求对资源的长期管理。

该地区分为三个区域：萨韦梅北区、阿尔穆吉中心自然保护区和阿尔哈迪撒及阿尔梅兹拉周围的南区。在这些划区内，现时的定居点和基础设施为扩建提供了框架。一种协调资源管理和投资再生能源资源的政策，将保证现在环境质量对地区吸引力的贡献继续下去，并将在整个地区起可持续发展的示范作用。自然的和可持续的发展模式将得到提升，严酷的气候

和乡土建筑，应该激励那些提供阴凉和利用当地材料的建筑形式。

由格罗斯·马克斯所做的景观分析，连同未来用户的需求和获得供开发的平地的可能性，为决定在何处搞开发提供了信息。这些分析层次一被叠加互动，就形成了一幅最基本的土地使用综合地图，因此为未来在何处建筑提供了明确导向。维护、保护现有的定居点和目前的农业及采矿活动，这些方面合起来提供了一份综合规划，描述了该地区的各种资产，合理的限制和巨大的潜力。现有的基础设施投入好像脊骨，牵连着潜在的开发区，而且将有选择性地增强，为到此处经商或休闲的来访者创造高质量的体验。

需要一个全面整合的交通体系以支持地区的可持续发展。但，就是那些让死海有吸引力的特质，也可能被

下图
这张彩色地图描述了交通基础设施的方案。

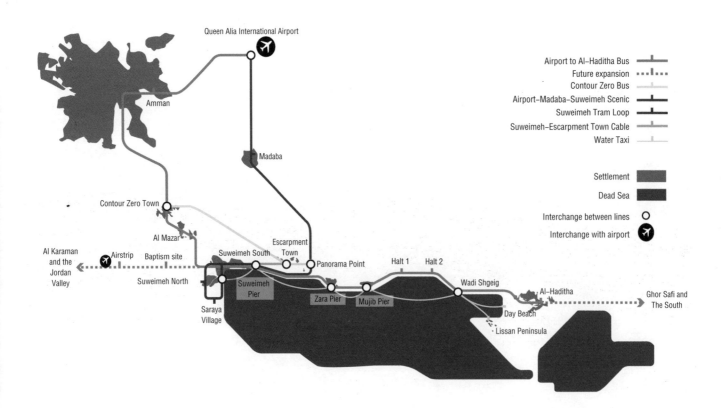

繁重的交通噪音、污染和拥堵所损害。建议提出的交通系统图，描述了一种可行的组构方式，它有助于开发进程和支持死海地区。死海保护区内外的交通模式也将成为其吸引力不可缺少的一部分。随处可见的环保、可持续的交通服务，可能就是一种强有力的广告宣传，专门的生物燃料——或者氢动力公共汽车，将为去安曼和机场中转穿梭路线上的出勤者提供服务。水上出租车、游览船和游客有轨电车环行道，可能是用电或太阳能驱动的，这样时髦的车辆，将会给生活、工作和访问这个保护区添光增彩。

这种观念是要在这个地区提供一种不同于典型的城市生活或乡村定居地的孤立状态的日常生活方式。交通模式本身将成为死海"经历"的一部分，它提供机会，舒适地在规划好的环行线上环绕本地区出行，而不用传统的汽车。

萨韦梅——当前还只是一连串孤立的旅馆——是支柱项目之一，在未来5—10年间将逐渐成为一个周密计划的旅游城镇，并成为地区的北部中心点。方案还提出了均衡利用，从医疗、零售和行政管理设施开始，当人口增加时，市政和娱乐方面也将紧紧跟上，斜穿目的地和公共海滩之间的道路，将提供旅馆、零售和娱乐场所，为日间来客和旅游者创造出一条海滩小道。和旅游胜景一起，还有许多居住设施，设置为各种公寓建筑。预期有些公寓将成为安曼居民的假日或周末的休闲处。随着人口增多和服务业需求上升，需要更多配套的住宅。这就产生对教育、保健、零售和就业设施的要求，国家需要提供公路和基础设施，可能通过土地征税来支付这些开支。历史遗产促进了旅馆服务行业里的长期就业和培训。

利桑半岛即使在死海这样的环境

下图
格罗斯·马克斯进行了生物和非生物分析，它为新定居点确定出最实用和最少环境干扰的地点。

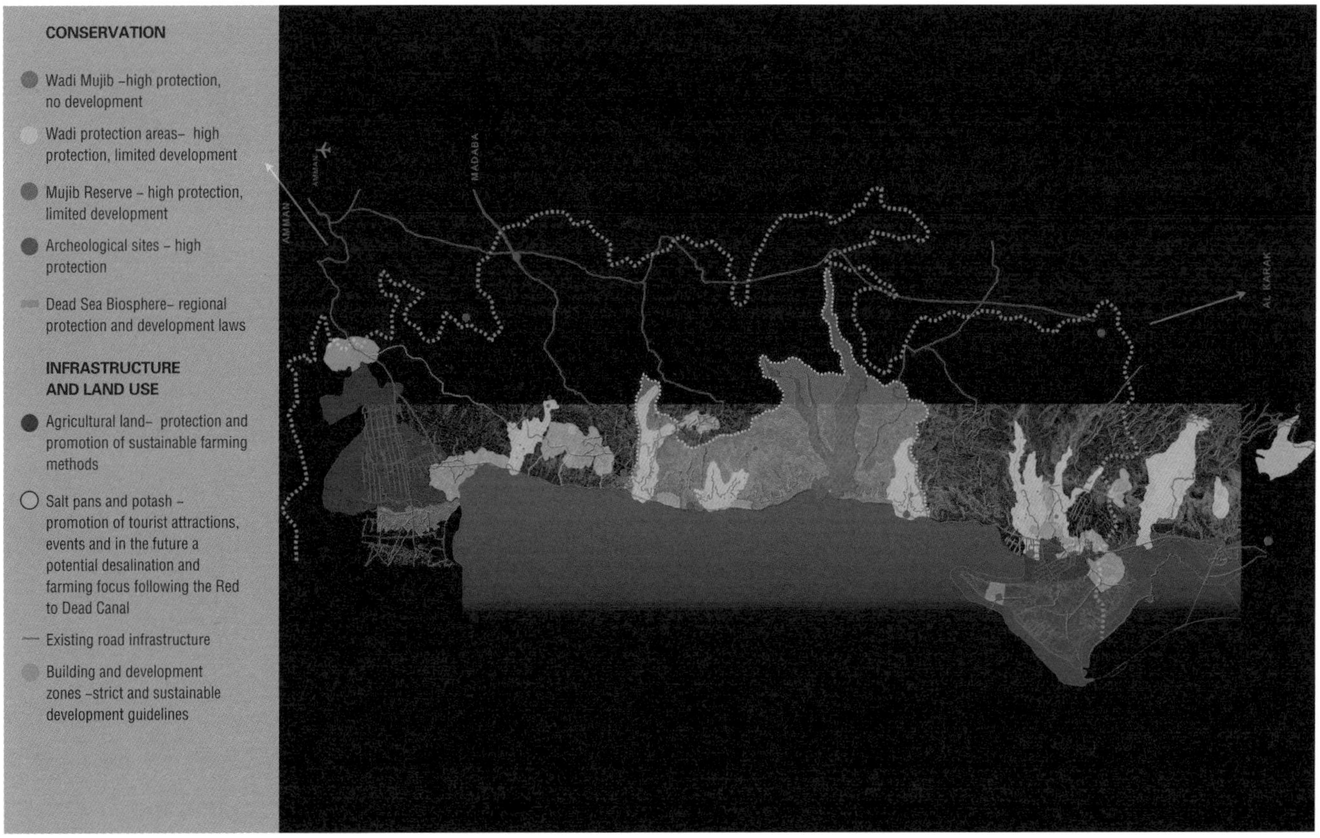

CONSERVATION

Wadi Mujib –high protection, no development

Wadi protection areas– high protection, limited development

Mujib Reserve – high protection, limited development

Archeological sites – high protection

Dead Sea Biosphere– regional protection and development laws

INFRASTRUCTURE AND LAND USE

Agricultural land– protection and promotion of sustainable farming methods

Salt pans and potash – promotion of tourist attractions, events and in the future a potential desalination and farming focus following the Red to Dead Canal

Existing road infrastructure

Building and development zones –strict and sustainable development guidelines

上图

就地能源生产的重要性，通过这些在安曼路和死海公路交汇处排列的太阳集热器得到验证。

左图

"陡坡镇"定居点开发了一片自然高地，俯视死海，它有可能通过缆车同下面400米的韦梅镇相连。

对页图

形象化的利桑半岛旅馆开发项目，显示了掩土构筑和太阳集热器。

里，也是一种独特的景观，它的光秃无植被状态，为大地艺术和计划安排的活动和节日提供了平台，以长远的观点来看，在这儿搞旅馆和会议中心开发大有潜力可挖。美国康奈尔大学曾经提议在此创办一个生命图书馆，作为他们的"弥合裂缝基金会"的一部分（该组织旨在为中东的和平作贡献）。

旅馆应该设置在景观区的隐蔽处。为了过热保护，因此减少机械冷却负载。庭院将成为绿洲，由旅馆流出的废水来浇灌。旅馆可能呈圆形，就像太阳能集热器一样。"浇灌圈和事件空间"，一个源自洗涤池口而在半岛地质学上出现的主题。系列巨大的太阳能集热器镜面圆盘更加突出了半岛引人注目的高地，这些装置将把需要的动力提供给当地的住宅和工厂。这是最

宏伟的工程，它的隔离状态也许意味着它在等待红海通死海项目，以便形成更好的对东面的阿尔卡拉克和有一天对西面的道路联通。与此同时，海岬空旷的地表，就像一块画布，可画各种重大事件和高水平的艺术装置。

这样的开发大有潜力，好像催化剂，推动未来的思想、技术和政策的进步，随之为约旦人民在就业、能源和教育方面带来持久的福祉。最终的概念设计表明了利用现有的技术能取得零碳生活的范围。要为死海开发项目达到零碳排放的水平，需要再思考标准建筑设计和其后的资源管理，对照现时的使用情况，能源和石化燃料的消耗必须降低30%，用水量降低60%，垃圾填埋降低90%。为减少能源和资源消耗，达到这些目标并不一定要求降低生活质量，改善了的和经

济适用的环境和能源技术能持续地最小化碳排放。

有了适当的总体规划以及能源、水、垃圾降低的目标，这个开发项目能够减少30%的碳排放。通过循环利用最大化的就地能源生产，可以进一步把碳排放降至零。这种做法包括对室内和室外空间的阳光控制、场地小气候的控制、调控的日光供应以减少人造照明、利用热量以缓冲气温变化，被动的蒸发冷却并将空调的固定恒温点从22°提高到26°；缓冲空间和被调整的固定点，有赖于使用方式、降低水消耗和灰水循环利用。

总体规划报告让保护区有特许权保护其资产和设置传递机构，以协调和掌控这些宏伟的开发项目今后几十年的执行。

案例研究：CAD 虚拟图像
土耳其伊斯坦布尔卡托尔彭迪克总体规划，扎哈·哈迪德建筑师事务所设计

项目总面积	555 公顷（建筑面积 600 万 m²）
业　　主	大伊斯坦布尔市
建 筑 师	扎哈·哈迪德建筑师事务所
设　　计	扎哈·哈迪德和 Patrik Schumacher

卡托尔——彭迪克总体规划，是伊斯坦布尔东面的新城中心设计竞赛的获胜方案。它是个再开发项目，要把一片废弃的工业场地再开发成一个新城区，其中有中央商务区、高档住宅、文化设施，如音乐厅、博物馆和剧院以及休闲项目，包括海滨广场和旅游宾馆。该区位于好几个重大基础设施的交汇处，包括连接伊斯坦布尔和欧洲及亚洲的主要公路、海岸公路、海上公共汽车终点站和轻重轨道，这些交通路线均通向较大的都市地区。

电脑生成的鸟瞰图，显示了总体规划中的附近环境，形式简单的采石场位于左边，海滨广场则在右边。

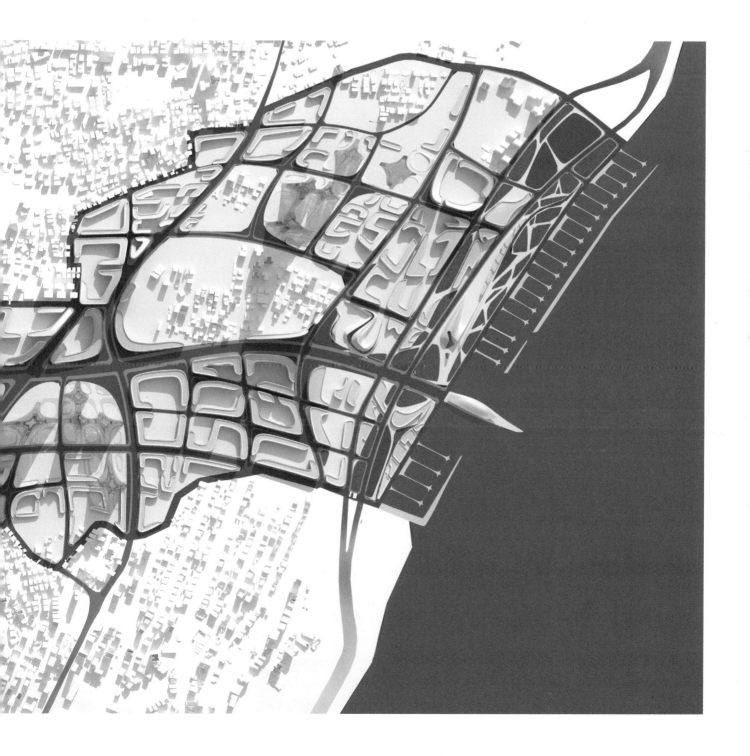

该项目通过连接周围场地的基本基础设施和城市背景入手，横向线路从西面的卡托尔和东面的彭迪克把主要道路交通连接在一起。

这些横向连接同主要纵向轴线结合在一起，创造了一种柔和的网格（或网络），为项目形成潜在的框架。这个网络在当地可加以紧缩，形成有较高计划性的紧凑地区和城市结构的纵向发展。在某些地区，这个网络升起来，组成一个在开放景观中的塔楼网格，而在另一些地区，它又反过来变成一个中间由街道穿过的密集的结构。在另一个时候，它可能完全消失，而出现公园和开放空间。有些地区延伸到水中，创造出一个浮动小船坞、商店和餐馆的基地。

这种结构进一步由城市文体表达出来，而城市文体则生成适应各个区段不同需求的各类建筑。这种书法般的文体，创造了开放式环境，可以把分散的建筑转变成周边楼群，而最终成为能创造一种渗透的互通的开放空间网络的混合体系。这种网络蜿蜒于全城。通过从场地的一处到另一处精巧的渐进的转变，文体的结构可以创造一种从周围环境到新的较高密度的开发区的顺利过渡。

柔性的网格也包含发展的可能性，例如高层塔楼的网络也许从一个以前位于低层建筑或淡入开放的公园空间中的地方出现。总体规划因此是一个动态系统，它生成出一个可适应

鸟瞰透视图显示现存的采石场（此图中央）再开发成人工湖。

对页图
场地平面图显示联通流如何布满全场。

上图
电脑渲染的建筑立面研究。

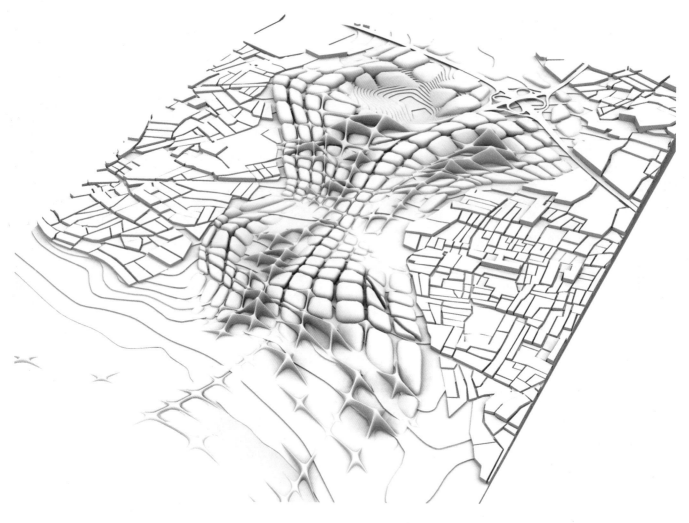

上图
电脑软件用于创造这张三维场地平面图。

左下图
电脑渲染的建筑正立面研究。

下图和对页图
体量研究显示城市的密集楼群。

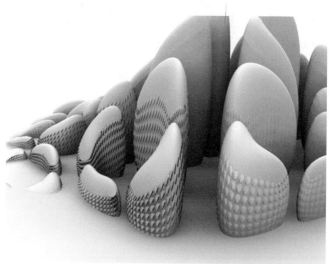

城市形态的框架，从而平衡一个有辨识度的形象和新环境与新城和现有周围环境的灵敏整合的需求。

各种程序被用于创作此处显示的总体规划图像，为了这个项目，使用了Rhino、Photoshop、Autodesk、AutoCAD、Maya和Illustrator软件包。

像这样大城市规模的总体规划的初始阶段来说，CAD软件让一个总体理念得到有效的发展、使用和交流。在这种情况下，图像赋予概念以流动感，暗示规划总图中的系列建筑，就像一种纺织品，起伏波动，飘过不同的形态和规模，以产生一种多变的景观。渲染程序的精细性，可以进一步增强图像，因此整体效果富有雕刻感和动态感。

结束语

一本有关绘图和城市设计的书，必须涉及一系列广泛的表达方式。之前的页码收录的案例研究，旨在例证可以用于描述城市的许多方式，虽然手工绘图要求敏感度和探索精神，其主要技巧在新的表达和表现领域里仍然重要，但城市绘图的前景，也将涉及复杂的软件的应用，以创作二维图像、三维动漫作品，甚至是城市环境的虚拟体验。

对数字制作技术的介绍可以让实物模型按 CAD 图像创作，这是模型制作中的一项重大发展，它将影响我们的城市设计。这些新的表达方法是令人兴奋的新思维和

设计方式。从草图演进到 CAD 图像、三维 CAD 模型，然后到实物模型，允许城市发展理念中的巨大灵活性，这种理念在实现之前，可以用许多方式去调研。

把总体规划当做一种不同的图解的理念，还将继续延续下去。描述城市，为的是把它理解为一系列空间、广场和街道。通过可用的表现手段，城市可以被调研而发展演变，设计师需要了解这些手段，并在概念发展的不同阶段上使用它们。从概念到实现的过程中，重要的是要有正确的表现工具和方法，并且以明智而熟练的方式去利用它们。通过综合了各种介质的实验理念探索，

将在现实中使我们未来的城市环境比在绘图中描述的要更令人兴奋。

正如戈登·卡伦在他的书《简明城镇景观设计》中警告的："如果最终城市一切都显得死气沉沉，索然无味和没精打采，那么设计本身就未完成，而以失败告终。引火物已放好，但没有人划火柴去点着。"

一旦设计师通过绘图和表述，传递了他（或她）的思想，那么想象力的任务就完成了，于是一切就取决于住在城市里的其他人来实现设计师的期盼。

由罗基·马钱特和埃金·比林西为大马士革摩天大楼竞赛的投标方案，采用 Rhino 4 和 Maya 建模；用 Photoshop、Illustrator 和 InDesign 作表现图。未来的城市可以形象化，像引人注目的雕刻和风景，它们不再受到使用钢笔或铅笔绘图效果的限制了。

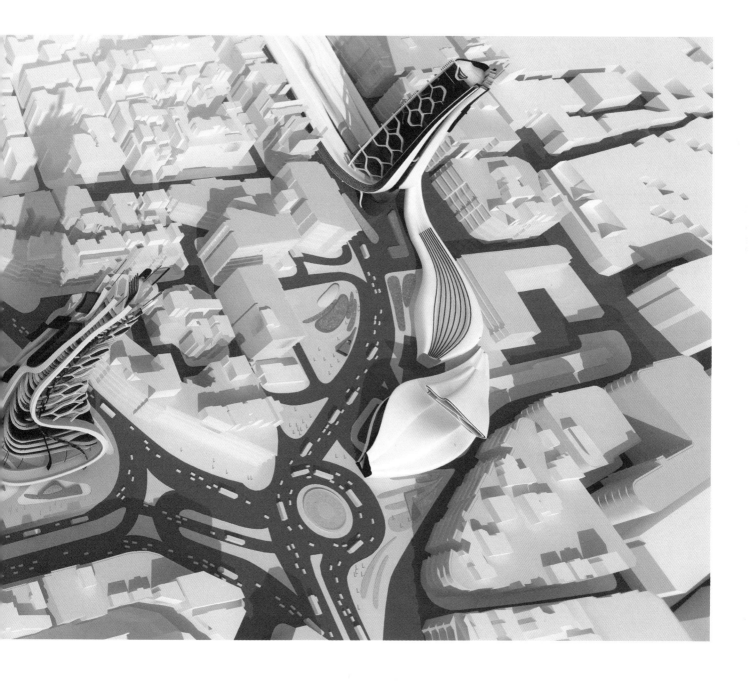

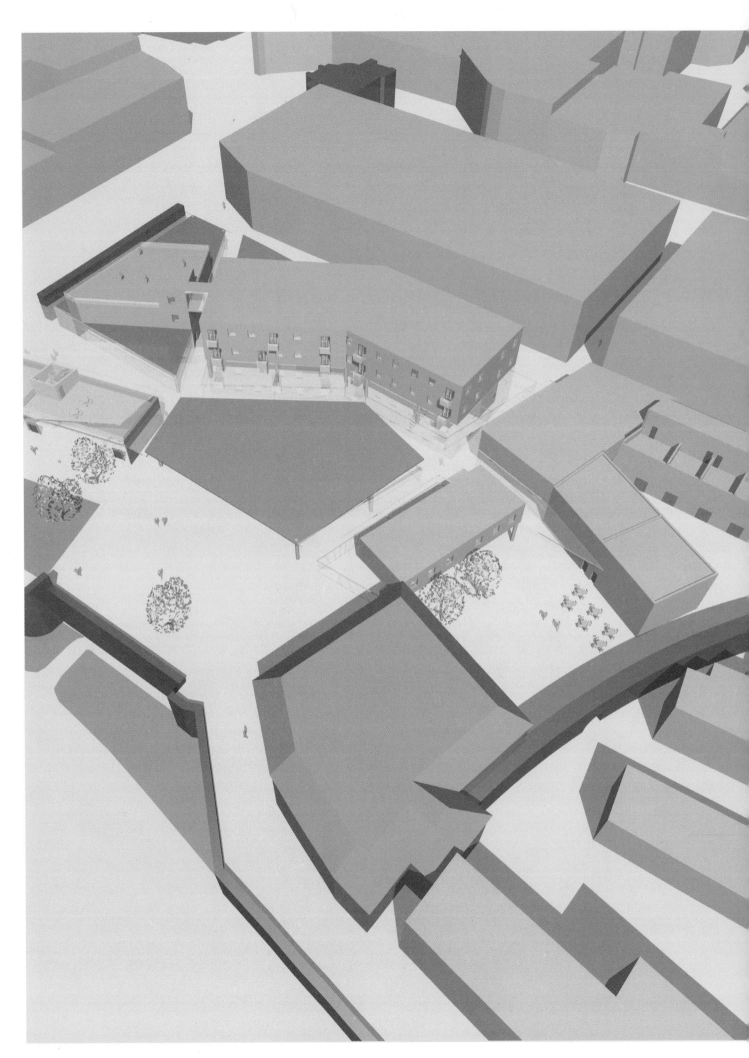

专业词汇表

Access 出入口：建筑物或空间的进入或外出点。

Axis 轴线：一条进行功能组织的参照线，它可以划分一个平面图、地图或建筑。

Axonometric 轴测图：投影到三维图的平面或地图。

Bricollage 再拼接：从一系列不同的经历和过程中的绘图或其他创意作品的创作。

CAD (computer-aided design) 电脑辅助设计：利用各种软件创作建筑物、空间和场地图像，这些技术涉及二维图像或三维直观化。

Central city 中心城区：或称核心区，是指城市或都会区的市政当局，它在历史上作为那个城市区最重要的区域而出现的。

Cityscape 城市景观：在城市概念中和景观理念相连的术语；即建筑物和空间之间的关系。

Cognitive mapping 认知地图：通过某些视觉图解技术，用以描述问题的方法，亦称心智地图。

Collage 拼贴：源自法语"粘贴"，这是一种技巧，在其中，通过利用系列资料而创造出一种图像，这些资料然后被再组织以创作新的图像。其资料可以是报纸、照片、其他图像或三维元素或物品。

Context 环境背景：一个术语，它从物质上和文化上两方面确定一个城市、场地或建筑，亦即某物存在的地方。

Density 密度：居住在一个特定地区的人的数量，通常以每公顷来表示。这些统计数字可以用于确定独特的功能方面，如人口密度或劳动力密度。

Enclosure 封闭空间：由墙体、边缘或边界划定的空间或地方。

Exurb 远郊区：自治区（或社区）或市区，为较大的都市区的一部分，但它超出了郊区范围，并且由一个乡村地带把它同城区隔开。

Figure ground 图底关系：一种表现技法，用于区别物体和周围的空间。实体画成黑色形态，而周围的空间则留成白色。当这种技法用于地图或建筑平面图时，它让建筑物从周围的空间中看起来非常明显突出。

Infrastructure 基础设施：确定一个城市或城市环境的支撑系统。它可以是物质性的——如交通和排水基础设施——或者可以指社会辅助性服务，由公共机构和组织来提供。

Massing 体块：在实体和 CAD 模型中所描述的一个建筑或一群建筑的体量。

Mapping 绘制地图：通过视觉表现，对地区、空间和过程的描述。它可以涉及使用准确的比例或采取抽象描述形式。

Metropolitan 大都市：用于地区的术语，它可能包含一个以上城区，以及城市核心区向它吸收劳力的周边区域。

Montage 蒙太奇：源自法语，该词指把一些图片或信息放在一起，例如，合成照片把各种图像如数码、素描或 CAD 图像放置一起。

Orientation 朝向：对一个建筑物的位置的理解，以及它如何受太阳的影响。

Place 场所：一个有着强烈特色或特征而能使其有别于其他地方的地点。"场所感"的理念表示一种物质特性，但一个场地也可以通过强烈的文化特性来确定，它还可以用文学、音乐或绘画来描述。

Serial vision 序列景象：系戈登·卡伦造出的术语，指序列城市空间的视觉描述，一个接一个在其中移动。

Scale 尺度：一个物体对另一个的关系，以比例来表示：1∶2 比例，即整体（1∶1）尺寸的一半。城市比例通常很大，1∶1000 和 1∶2500 的地图对描述城市的大片地区是必要的。

Storyboard 情节串连图板：一系列表示图像序列和布局的画格或画面，一种主要由电影制片人使用的绘画技巧，它也作为一种组织工具，被其他艺术家和设计者使用。

Site analysis 场地分析：一种用图解和图样来进行的研究，以描述影响场地的因素，包括出入口、路线、阴影和人物的活动。

Streetscape 街道景观：此词用于可以视为街道环境的一部分的一切事物，例如包括铺地、座椅、风景和建筑形式。

Suburban 郊区：连绵的延伸到市中心以外的城市化地区。

Superimposition 叠加：图像一个放置在另一个上面以创造一种新的图像。这可能包括手工绘制、CAD、数码或其他介质。

Topograhy 地形：对地表的描述，不论是自然的还是建成的环境。在城市里，描述包括从建筑物到铺地到街道各种层次的变化。

Townscape 城镇景观：同城市景观。

Urban design 城市设计：城市环境的组织和形成，包括建筑物和公共空间之间的关系。

Urbanism 城市主义：对城市和影响城市环境的因素的研究。

Vista 长条形景象：从一个独特的视点观察的景观，例如在街道上，在建筑物之间或者通过一个公共广场。

推荐图书

Crowe, N. and Laseau, P., *Visual Notes for Architects and Designers*, John Wiley & Sons, London, 1984

Edwards, B., *Understanding Architecture through Drawing*, second edition, Taylor & Francis, Oxford, 2008

Choay, F., *L'urbanisme, utopies et réalités: Une anthologie*, Seuil, Paris, 1965

Schorske, C. E., *Fin-de-siècle Vienna: Politics and Culture*, Weidenfeld & Nicolson, London, 1980

Heuer, C., *The City Rehearsed*, Routledge, New York, 2009

Collins, G. R., Collins, C. C., and Sitte, C., *Camillo Sitte: The Birth of Modern City Planning, with a Translation of the 1889 Austrian Edition of his City Planning According to Artistic Principles*, Rizzoli, New York, 1986

Howard, E., *Garden Cities of To-morrow*, Faber, London, 1965

Cherry, G. E., *Pioneers in British Planning*, Architectural Press, London, 1981

Morris, E. S., *British Town Planning and Urban Design: Principles and Policies*, Longman, Harlow, 1997

Unwin, R., *Town Planning in Practice: An Introduction to the Art of Designing Cities and Suburbs*, originally published London, 1909; reprinted 1994 by Princeton Architectural Press, New York

Giedion, S., 'City Planning in the Nineteenth Century' in *Space, Time and Architecture*, Harvard University Press, Cambridge, MA, 1942

Hall, P., *Cities of Tomorrow: An Intellectual History of Urban Planning and Design in the Twentieth Century*, Basil Blackwell, Oxford, 1988

Le Corbusier, *The Radiant City: Elements of a Doctrine of Urbanism to be Used as the Basis of our Machine-age Civilization*, Faber, London, 1967

Garnier, T., *Une cité industrielle: Etude pour la construction des villes*, Princeton Architectural Press, New York, 1989

Mumford, E., *The CIAM Discourse on Urbanism, 1928–1960*, The MIT Press, Cambridge, MA, 2000, pp. 59–130

Jacobs, J., *The Death and Life of Great American Cities*, Penguin, Harmondsworth, 1965, pp. 29–54 and 144–238

Lynch, K., *The Image of the City*, MIT Press, Cambridge, MA, and London, 1960

Cullen, G., *The Concise Townscape*, new edition, Architectural Press, London, 1971

Alexander, C., 'The City is Not a Tree' in *Architectural Forum*, 22 (1–2), 1965, pp. 58–62

Congress of the New Urbanism, Charter of the New Urbanism, 2001, available as a PDF at http://www.cnu.org/sites/files/charter_english.pdf

Krier, L., *Drawings, 1967–1980*, Archives d'Architecture Moderne, Brussels, 1980

Rossi, A., *The Architecture of the City*, US edition, The MIT Press, Cambridge, MA; published for the Graham Foundation for Advanced Studies in the Fine Arts and the Institute for Architecture and Urban Studies,1982

Moughtin, C., *Urban Design: Green Dimensions*, Butterworth-Heinemann, Oxford, 1996

Ritchie, A., and Thomas, R., *Sustainable Urban Design: An Environmental Approach*, second edition, Taylor & Francis, London, 2009

Shane, D. G., *Recombinant Urbanism: Conceptual Modeling in Architecture, Urban Design and City Theory*, John Wiley & Sons, Chichester, 2005

Alexander, C., et al, *A New Theory of Urban Design*, Oxford University Press, Oxford and New York, 1987

Bacon, E., *Design of Cities*, Penguin Books, New York, 1974

Boyer, M. C., *Dreaming the Rational City: The Myth of American City Planning*, The MIT Press, Cambridge, MA, 1990

Castells, M., *The Rise of the Network Society*, Blackwell, Oxford, 1996

Chase, J., Crawford, M., and Kaliski, J., eds, *Everyday Urbanism*, Monacelli Press, New York, 1991

Cronon, W., ed., *Uncommon Ground: Rethinking the Human Place in Nature*, W. W. Norton & Co, New York, 1996

Fainstein, S., and Campbell, S., eds, *Readings in Urban Theory*, Blackwell Publishing, Oxford, 2002

Hall, P., *Cities of Tomorrow*, Oxford, Blackwell Publishing, 2002

Harvey, D., *Spaces of Hope*, University of California Press, Berkeley, 2000

Hillier, B. and Hanson, J., *The Social Logic of Space*, Cambridge University Press, Cambridge, 1984

Kasinitz, P., ed., *Metropolis: Center and Symbol of Our Times*, NYU Press, New York, 1995

Koolhaas, R., *S,M,L,XL*, Monacelli Press, New York, 1998

Krier, L., *Architecture: Choice or Fate*, Papadakis, London, 1998

Krier, R., *Urban Space*, Rizzoli, New York, 1979

Le Corbusier, *The City of To-morrow and its Planning*, The MIT Press, Cambridge, MA, [1929] 1971

Nesbitt, K., ed., *Theorizing a New Agenda for Architecture: An Anthology of Architectural Theory 1965–1995*, Princeton Architectural Press, New York, 1996

Rowe, P. G., *Civic Realism*, The MIT Press, Cambridge, MA, 1997

Rowe, C. and Koetter, F., *Collage City*, The MIT Press, Cambridge, 1984

Scott, A. J. and Soja, E. W., eds, *The City: Los Angeles and Urban Theory at the End of the Twentieth Century*, University of California Press, Berkeley, 1998

Sitte, C., *The Art of Building Cities: City Building According to its Artistic Fundamentals*, Hyperion Press, New York, 1979

Venturi, R., Scott Brown D., and Izenour, S., *Learning from Las Vegas*, The MIT Press, Cambridge, MA, and London, 1972

图片来源

Front cover **Zaha Hadid Architects**
Back cover **University of Portsmouth**
1 **Zaha Hadid Architects**
3 **S333 Architecture + Urbanism with Balmori Associates**
5 **Joshua Ray/University of Portsmouth**
6 left **European City Studio/University of Portsmouth**
6 right **Eric Parry Architects**
7 **Rocky Marchant and Ergin Kemal Birinci**
8 left **European City Studio/University of Portsmouth**
8 right **Lee Whiteman/University of Portsmouth**
9 top **Design Engine**
9 bottom **European City Studio/University of Portsmouth**
10 **Lorraine Farrelly**
11 top **Niall Bird/University of Portsmouth**
11 bottom **Brad Richards/University of Portsmouth**
14 **CAMERAPHOTO Arte, Venice**
16 **Quattrone, Florence**
18 **Photo: Scala, Florence/© DACS 2010**
19 left & right **Google Earth**
21 top **Property of the Musei Civici di Como**
22 top & bottom **RIBA Library Photographs Collection**
23 **© FLC/ADAGP, Paris and DACS, London 2010**
24 top **Lynch, Kevin,** *The Image of the City*, **drawings from page 98, upper and centre, page 99, bottom, © 1960 Massachusetts Institute of Technology, by permission of The MIT Press**
24 bottom **Image published on the cover of** *The Concise Townscape*, **Gordon Cullen, 1971, courtesy Elsevier Limited**
25 **Drawing by Lorraine Farrelly, based on an example from** *The Design of Cities* **by Edmund Bacon**
26 **RIBA Library Photographs Collection**
27 **© Eredi Aldo Rossi. Courtesy Fondazione Aldo Rossi**
29 **Bernard Tschumi Architects**
30 **University of Portsmouth**
32–33 **Natalie Sansome/University of Portsmouth**
33 top **Allies and Morrison**
34–35 **Khalid Saleh/University of Portsmouth**
35 top **Luke Sutton/University of Portsmouth**
36 top **Niall Bird/University of Portsmouth**
36 bottom **University of Portsmouth**
37 top **Rory Gaylor/University of Portsmouth**
37 bottom **Dean Pike**
38 **Matthew Smith/University of Portsmouth**
39 **Lorraine Farrelly**
40 left and right **Niall Bird/University of Portsmouth**
41 top and bottom **Eleanor Wells/University of Portsmouth**
42–43 **Lorraine Farrelly**
44 **Niall Bird/University of Portsmouth**
45 **Eleanor Wells/University of Portsmouth**
46–47 **Lee Whiteman/University of Portsmouth**
48–49 **Edward Steed/University of Portsmouth**
50 top and bottom **studioKAP**
51 **Rocky Marchant and Ergin Kemal Birinci**
52 **Rocky Marchant and Ergin Kemal Birinci**
53 top and bottom **Owen French/University of Portsmouth**
54–55 **Rachael Brown/University of Portsmouth**
56 left and right **Panter Hudspith Architects**

57 top and bottom **University of Portsmouth**
58 **Eleanor Wells/University of Portsmouth**
59 **Ryan Bond/University of Portsmouth**
60–61 **Joshua Ray/University of Portsmouth**
62 top **Eleanor Wells/University of Portsmouth**
62 bottom **Richard Murphy Architects**
63 **Andrea Verenini/University of Portsmouth**
64 **Richard Davies**
66 **Google Earth**
67 **Rocky Marchant and Ergin Kemal Birinci**
68 **University of Portsmouth**
69 **Christian Tallent/University of Portsmouth**
70–71 **Natalie Sansome/University of Portsmouth**
72 left **Space Syntax**
72 right **Benedict Horsman/University of Portsmouth**
73 top **University of Portsmouth**
73 bottom **Eleanor Wells/University of Portsmouth**
74 **University of Portsmouth**
75 left **Nathaniel King Smith/University of Portsmouth**
75 right **Derek Williams/University of Portsmouth**
76–77 **Brad Richards/University of Portsmouth**
78 **Matthew Smith, Ryan Bond, Andrew Catton/University of Portsmouth**
79 top and bottom **Rocky Marchant and Ergin Kemal Birinci**
80 **Space Syntax**
81 **AA Housing and Urbanism students with Dominic Papa and Lawrence Barth**
82 **Jonny Sage/University of Portsmouth**
83 **Steve Pirk/University of Portsmouth**
84 **Matthew Ingham/University of Portsmouth**
85 **S333 Architecture + Urbanism with Studio Engleback**
86 top **S333 Architecture + Urbanism**
86 bottom **Khalid Saleh/University of Portsmouth**
87 **Andrea Verenini/University of Portsmouth**
88 top **Re-Format**
88 **Design Engine**
89 top and bottom **Re-Format**
90 **Rocky Marchant and Ergin Kemal Birinci**
91 top **Ryan Bond/University of Portsmouth**
91 bottom **Rocky Marchant and Ergin Kemal Birinci**
92 top and bottom **studioKAP**
93 **Andrea Verenini/University of Portsmouth**
94 **Melissa Royale/University of Portsmouth**
95 top and bottom **Zmapping Ltd**
96 **Katherine Burden/University of Portsmouth**
97 top **S333 Architecture + Urbanism with model by AModels**
97 bottom **studio1am/University of Portsmouth**
98 left **Steve Duffy/University of Portsmouth**
98 right **University of Portsmouth**
99 **BA3 Architecture student models/University of Portsmouth**
100 **Christina Marshall and group work/University of Portsmouth**
101 top **European City Studio/University of Portsmouth**
101 bottom **University of Portsmouth**
102 **Katherine Burden/University of Portsmouth**
103 **Richard Davies**
104 left **University of Portsmouth**

作者致谢

我要感谢支持本书创作、进展和出版的众多贡献者。一本有关绘图的书，要求大量的各种视觉资料，许多单位和学生慷慨地允许我在本书中使用他们的作品。

在本书的整个进展中，朴茨茅斯建筑学院（Portsmouth School of Architecture）的教师和学生在设计过程的许多阶段里提供了各种类型的绘图实例，他们的灵活性和兴趣，一直难能可贵。尤其是三年级建筑专业的学生和我的研究生工作室 The European City 的成员们，热情地提供了绘图式样和实验，以及视觉资料。

特别要感谢克莱尔·佩雷拉（Claire Perera），她为本书整个进程中整理并组织资料——她为本书的出版起了重要作用。

最后，感谢 Laurence King 的菲利普·库珀，他支持本书的理念，并感谢利兹·费伯在编辑上的支持、鼓励，以及在创作过程各个阶段细节的关注。此外，还要感谢设计师约翰·朗德和制作管理人斯里杰·格朗。

编后记：本书的翻译工作得到许多有识之士的大力协作与参与，其中谢晖、罗旭丹、张瑜轩参与了初稿的翻译。